誰是凶手？

松鼠偵探

生物調查事件簿

白蟻女王孤單死去、蚊母樹葉大變形……
34種動植物生死之謎大揭密

一日一種 著／繪
李彥樺 譯

序章
自然界……
有著一千萬種以上的生物……
每天都在爲了活下去而競爭。
有時互相獵殺
有時互相欺騙
有時互相幫助
在詭譎複雜的生態系統之中，
充滿了數也數不清的……
神祕又殘酷的事件。

陰氣森森～
殘酷貞探
唰！
傳說中的那個偵探就住在這種地方？
是啊！
據說他解決了大大小小的殘酷事件，
所以大家稱他爲……
殘酷貞探

在嚴苛又殘酷的自然界，
據說他存活了二十年以上，
對每一種生物的生態行為都瞭如指掌……
「貞」探……？
因為不是人類，所以少了人字旁？
真是可怕……
不曉得是什麼樣的危險人物……
颼颼颼～
咕嚕……
我……我才不怕呢！
已經有那麼多同伴死於非命！
一定要拜託他幫忙找出凶手才行！
打擾了！
咚咚！
轟隆轟隆……
喀嚓
誰啊……
颼颼颼颼
!

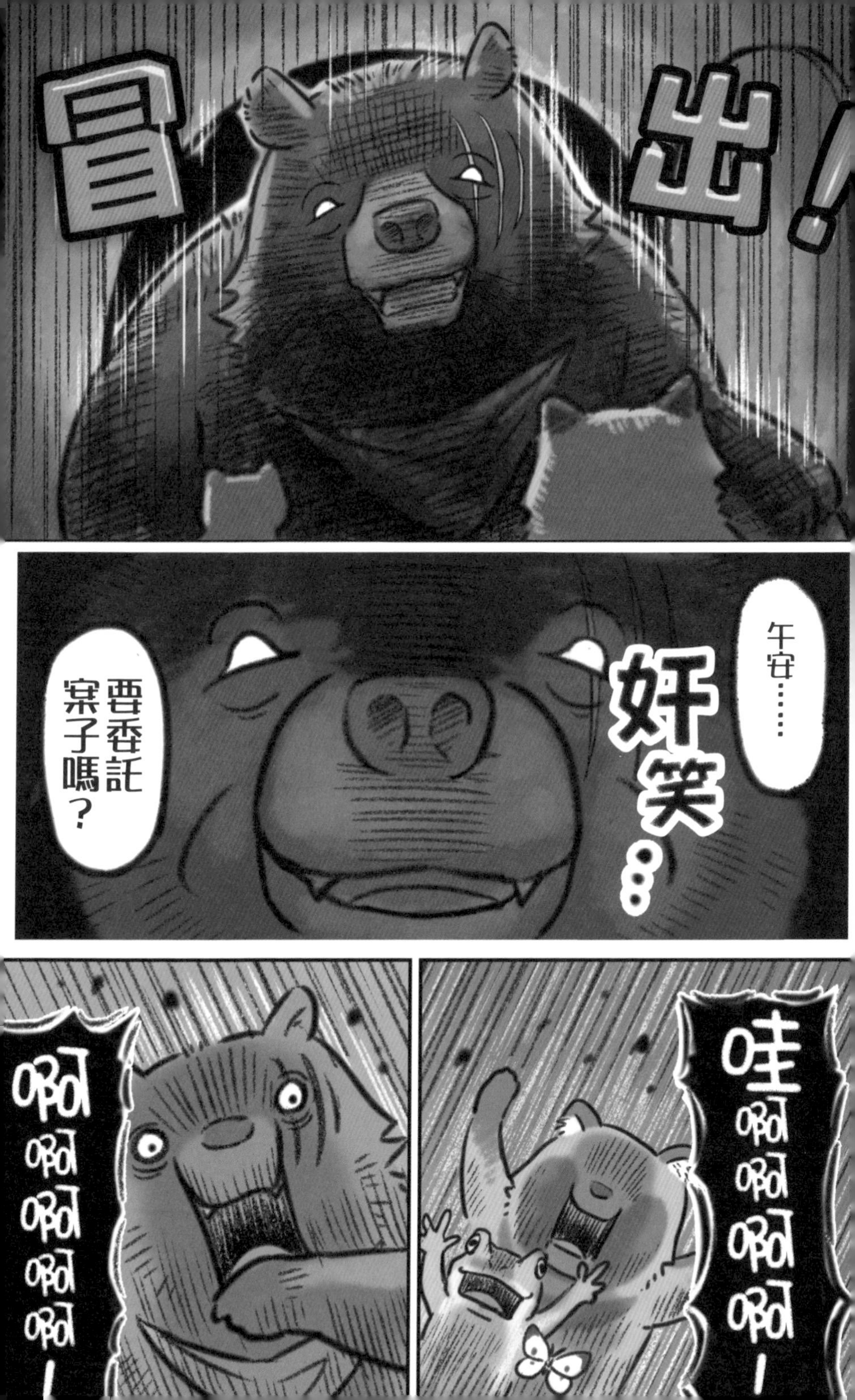
冒出！
午安……
奸笑……
要吞託
寀子嗎？
哇啊啊啊啊！
啊啊啊啊啊啊！

啊啊啊！就是你嗎？
你就是殘酷偵探？
不不不……你們搞錯了！
咦？
你們突然大叫，害我嚇了一跳呢！
我是助理阿珠！
老師！老師！
有客人要委託案子！
嗅嗅……
踏
我聞到了殘酷事件的味道。
啊！是你嗎？
冒出
殘

殘酷偵探！
……拜……
拜託你了！
幫我們找出凶手！
我們不想再遇到殘酷事件了！
放心交給我吧！
不管是再怎麼令人不敢面對的殘酷事件，只要抱持著絕不退縮的勇氣，最後一定能找到真相！
首先讓我來仔細觀察！

目次

溫暖的季節

炎熱的季節

涼爽的季節

什麼是生物調查事件簿？

本書介紹形形色色發生在自然界的生物故事。

野外的生物爲了活下去，往往必須獵殺或利用其他的生物。這樣的行爲，在人類的眼裡或許相當殘酷，對生物來說，卻是日常生活的一部分。類似的殘酷事件，每天都在你我的身邊上演著……

掉在陰暗處的羽毛、裂成碎片的昆蟲外殼……這些都是相當重要的線索。

現在就讓我們翻開事件簿，看看那些生活在我們周遭的生物，有著什麼樣殘酷卻又惹人憐愛的生命模式吧。

事件簿的閱讀方式

事件簿名稱

事件的名稱似乎都是
偵探取名的。

事件的案發現場

有些照片是森林居民拍的，
有些照片則是偵探或助理阿珠拍的。

墨滴

好像是偵探
不小心滴上去的……

受害者檔案

這裡記錄了受害者
在世期間的生活點滴。

犯案的關鍵時刻！

由偵探描述可怕的
犯案過程。

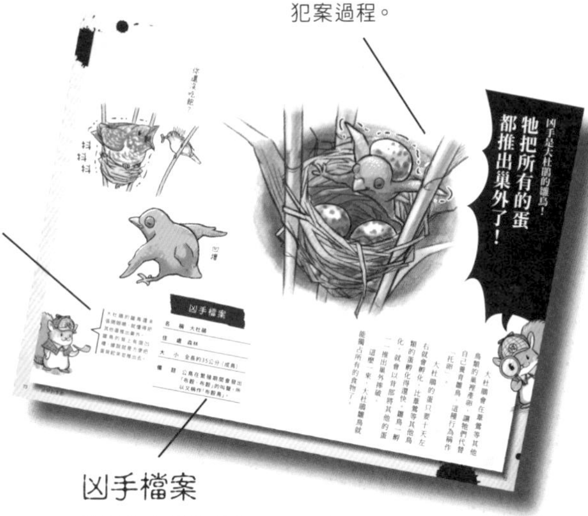

殘酷小知識

爲了找出最終的眞相，
偵探會介紹一些相關
知識。

凶手檔案

偵探將在這裡揭發
凶手的眞面目。

附帶漫畫

記錄了生物日常生活
的小漫畫。

閱讀提醒標誌

特別殘酷的案子，會打
上這個標誌來提醒讀者
注意。

主要登場角色

殘酷偵探（日本松鼠）

一聞到殘酷事件的氣味，立刻會趕往現場。衷心愛著各種生物的生命軌跡，絕不放過任何一起殘酷事件背後的眞相。爲什麼他會成爲殘酷偵探？沒有人知道背後的緣由……

殘酷徽章
據說由殘酷偵探代代相傳的神祕徽章。
殘酷大腦
裡頭裝滿了在嚴苛自然界所學會的各種殘酷知識。
殘
殘酷放大鏡
能夠看出一切眞相的放大鏡。

住 處	森林
大 小	體長約 20 公分
備 註	美洲金花鼠會冬眠，日本松鼠不會冬眠。

阿珠助理（黑熊）

有點膽小又有點粗心，但是心地善良的黑熊。因爲長相凶惡，森林裡的生物都很怕他，成了他心中最大的煩惱。喜歡吃款冬菜，最討厭冬天，每年十二月都會冬眠。

善良的心
雖然膽子很小，卻有著一顆憐憫其他生物的心。
尖銳的爪子
可以殺死任何生物，但幾乎不曾使用過。

住 處	森林
大 小	體長約 1.5 公尺
備 註	唯一生活在日本本州及四國的黑熊。

讓偵探來告訴你！

生物專有名詞集

閱讀本書之前，有些應該要知道的專有名詞。

授粉…… 頁37

阿珠！你知道植物怎麼製造種子嗎？

仔細想想，我好像不知道，請教教我吧……

花的內部有「雄蕊」與「雌蕊」。當雄蕊的花粉碰觸到雌蕊，就會產生種子。

但是花又不會動，要怎麼把雄蕊的花粉送去給雌蕊呢？

這就要靠昆蟲之類的動物來幫忙了。例如蜜蜂在採花蜜的時候，身體會沾上花粉。當這隻蜜蜂又到其他花朵採花蜜的時候，就會讓雌蕊沾上花粉了。

原來如此，花請蜜蜂吃花蜜，讓蜜蜂幫忙授粉，是嗎？

交配……頁76

植物靠「授粉」來製造種子，而大部分的動物，則是雄的動物把「精子」送到雌的動物體內，製造「受精卵」。這個行爲就叫做「交配」。

不管是植物還是動物，都有雌雄的分別，所以才能孕育出新生命！

大致上是這樣沒錯，但也有不分雌雄的生物。

眞的嗎？

例如蚯蚓就沒有雌雄的分別，每一條蚯蚓都可以和任一條蚯蚓交配。

這麼說來，每種動物交配的方式都不一樣呢。

光合作用……頁53

動物都得吃東西才能獲得能量，對吧？

是啊！我最喜歡吃款冬菜！（流口水）

你喜歡吃什麼並不重要……我想說的是植物沒有辦法吃東西，但可以靠晒太陽來製造能量，這就稱爲「光合作用」。

靠晒太陽製造能量？這是怎麼做到的？

栽種植物的時候，不是會澆水嗎？植物可以利用太陽光，將水及空氣中的二氧化碳合成一種名爲「葡萄糖」的養分。

這麼說起來，植物應該很喜歡太陽光，就像我喜歡款冬菜一樣？

或許可以這麼說吧。

寄生…… 頁60

有些生物會跑到其他生物的身體裡吸取營養，這個行爲就叫作「寄生」。

跑到身體裡？眞是太殘忍了！這是怎麼做到的？

例如在寄生對象的身體裡產卵，或是從寄生對象的嘴巴鑽進身體裡……

啊啊啊啊啊！

被寄生的生物當然會產生許多不舒服的症狀，尤其是我們動物，一定要小心別被寄生了。

眞是太可怕了……

對了，許多殘酷事件都與寄生有關，我在後面會提到，你可以注意一下。

溫暖的季節

事件簿的開始
啾—啾—
啾—啾—
吱～
吱喳喳
偵探與助理正趕往案發現場。
春天已經來臨了呢。
我才剛冬眠結束，還有點想睡。
啊！
有款冬菜！
這種微苦的滋味，真是太春天了！
嚼嚼
偵探先生！
你們別再耽擱了！
就在這裡！

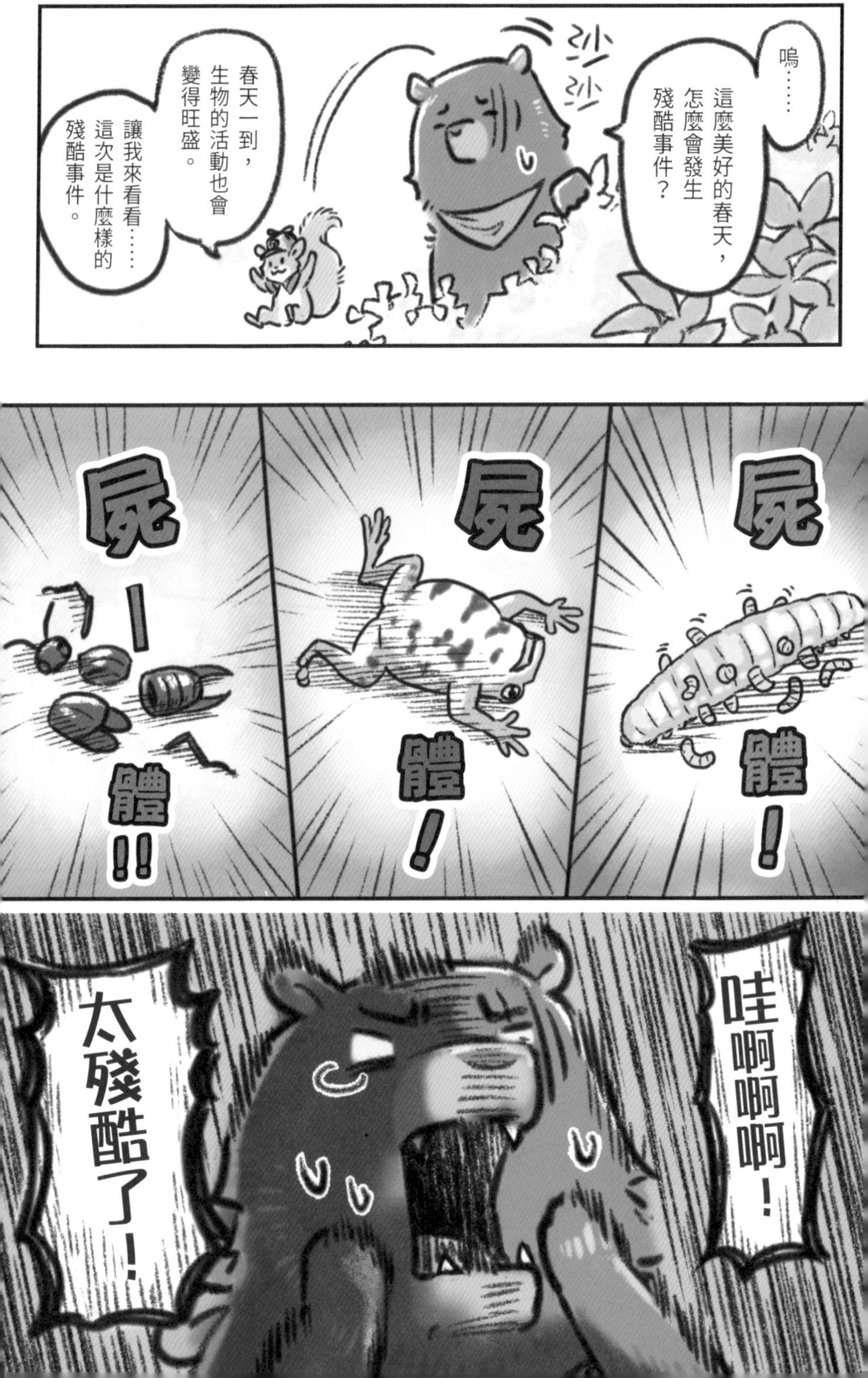
嗚……
這麼美好的春天，怎麼會發生殘酷事件？
沙沙
春天一到，生物的活動也會變得旺盛。
讓我來看看……這次是什麼樣的殘酷事件。
屍體！
屍體！
屍體!!
哇啊啊啊！
太殘酷了!!

抖
抖
抖
抖
助理先生！你沒事吧？
眞是沒用的傢伙……
阿珠助理最害怕殘酷的事情了。
既然這麼害怕，爲什麼要當殘酷偵探的助理？
偵探先生，你倒是很冷靜呢。
因爲我最愛殘酷事件了。
這聽起來也有
我看看……
現場有著非常多可以找出眞相的線索。
季節、
環境、
受害者的生態行爲…
以及最重要的……現場的狀況！
現在我要開始推理了！

事件1

蠼螋分屍事件

受害者是個正在照顧孩子的母親。
哇啊～！

受害者檔案

名　稱	蠼螋
住　處	陰暗潮溼的地方
大　小	體長約1.5公分
備　註	身體扁平，適合居住在狹窄的地方。

案發現場狀況

正在照顧孩子的雌蠼螋（ㄐㄩㄝˊ ㄙㄡ），竟然遭人分屍，孩子們全都下落不明。

這起事件的凶手是蠼螋的孩子！

牠們把母親當成食物吃掉了！

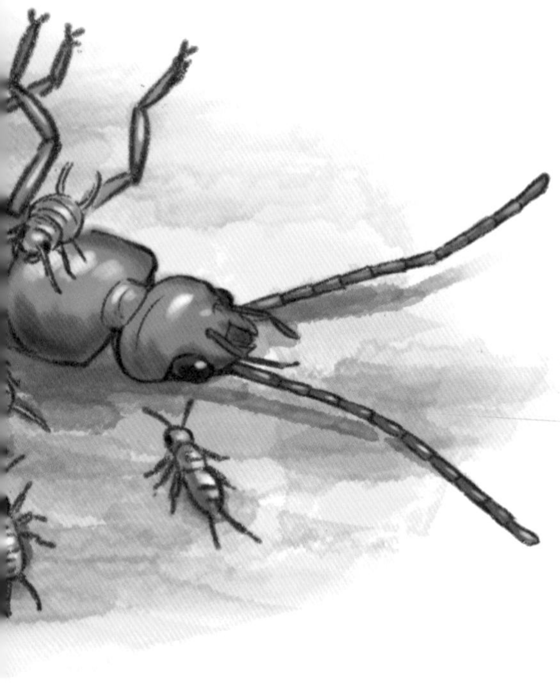

蠼螋類昆蟲的母親，在昆蟲界向來以呵護孩子聞名。尤其是屬於蠼螋科這個分類的種類，母親在產卵之後，數十天完全不離開巢穴，也不吃任何東西，一心一意只照顧著卵。

等到卵孵化之後，母親甚至會故意讓孩子吃自己的身體。據說在被孩子吃掉的過程中，母親完全不會抵抗。聽起來很殘酷，但因為母親的犧牲，減少了孩子餓死的風險。

蠼螋的尾巴末端爲剪刀的形狀。
遭遇危險時，牠們會像蠍子一樣
翹起尾巴來恫嚇敵人。

蠼螋母親堅強又偉大

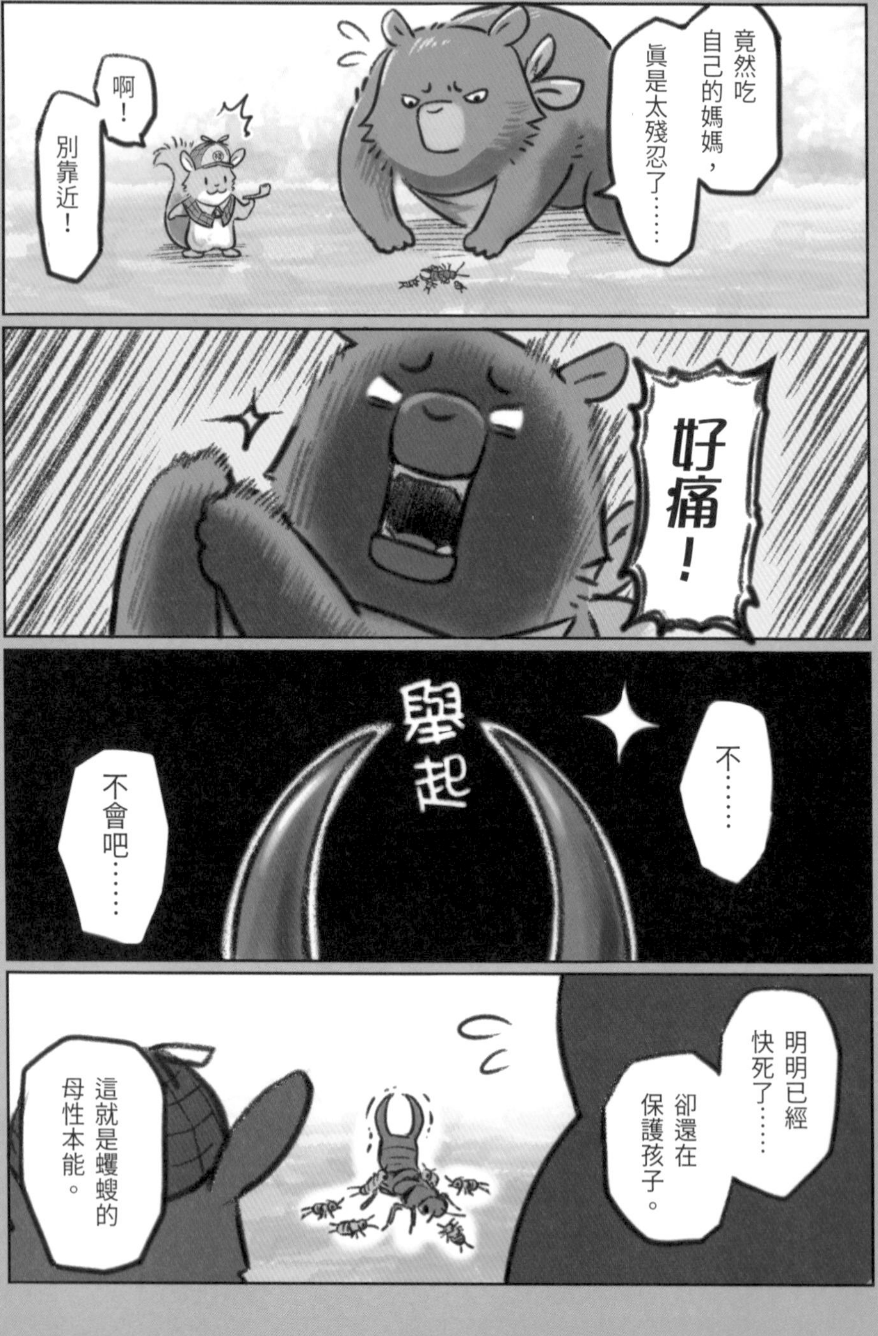

竟然吃自己的媽媽，眞是太殘忍了……
啊！別靠近！
好痛！
舉起
不……
不會吧……
明明已經快死了……卻還在保護孩子。
這就是蠼螋的母性本能。

事件2

蟾蜍絞殺事件

大……
大事不好了！
體型比較大，應該是雌性。生前應該很受雄性歡迎吧。

受害者檔案

名稱	蟾蜍
住處	農田、森林的陰暗處
大小	體長約13公分
備註	眼睛後方的耳後腺能分泌毒液。

案發現場狀況

在這個青蛙、蟾蜍正從冬眠中甦醒的時期，一隻雌蟾蜍不知被誰勒死了。

這起案子的凶手是雄蟾蜍們！

牠們擠在雌蟾蜍身上，勒死了雌蟾蜍！

春天，蟾蜍從冬眠中醒來，進入繁殖期。牠們全都衝向池塘，但是池塘裡的蟾蜍幾乎都是雄性，只有極少數的雌性。

大量的雄蟾蜍為了讓雌蟾蜍替自己產卵，全都緊緊抱住雌蟾蜍，上演一齣「妻子爭奪戰」。

雄蟾蜍的競爭非常激烈，有時抱住雌蟾蜍的力氣太大，會勒死雌蟾蜍。

池塘裡的雌蟾蜍不僅數量少，而且一季只能產卵一次，雄性爲了獲得配偶可說是不擇手段呢。

意外的受害者

※偶爾會發生家犬誤食蟾蜍而中毒的事件，飼主一定要謹慎小心。

事件3

黑尾鷗幼鳥連續遇害事件

為什麼周圍的黑尾鷗同伴都當作沒看見？
這些幼鳥好像都是頭部受了傷！

案發現場狀況

居住了大量黑尾鷗的區域，連續發生了好幾起幼鳥慘遭殺害的案子。

受害者檔案

名稱	黑尾鷗
住處	島嶼或半島的礁岩
大小	體長約45公分（成鳥）
備註	黑尾鷗的叫聲與一般海鷗不同，很像貓叫聲，因此俗稱「海貓」。

這起案子的凶手是其他黑尾鷗！
牠們攻擊侵入自己地盤的幼鳥！

　　黑尾鷗只能在島嶼或半島的礁岩地帶繁殖，因此某些地區往往會聚集大量的黑尾鷗，造成爭奪食物及地盤的狀況。

　　幼鳥如果不小心闖入父母以外的其他黑尾鷗的地盤，就會遭到攻擊。

　　黑尾鷗會不斷以尖喙攻擊別人家的幼鳥頭部，下手相當凶狠，因而死亡的幼鳥也不在少數。

日本青森縣的「蕪島」是著名的黑尾鷗繁殖地，那裡的黑尾鷗數量非常多，聽說每家黑尾鷗的地盤只有半徑四十～五十公分。

集體繁殖的嚴苛規定

既然牠們這麼保護自己的地盤，爲什麼還要一大群聚集在一起？
關於這一點，有很多說法……有人認爲牠們聚集在一起比較能抵禦天敵。
換句話說，黑尾鷗聚集在一起並不是因爲感情好。
…
…
…
只是抱著互相利用的想法，才聚集在一起……
幼鳥不懂那麼多，侵入其他家庭的地盤……
最後的下場往往是死路一條。
那些攻擊其他幼鳥的黑尾鷗，其實也只是爲了保護自己的孩子而已。
嗚嗚……眞是嚴苛的世界。

事件4

蕈蚋大量監禁事件

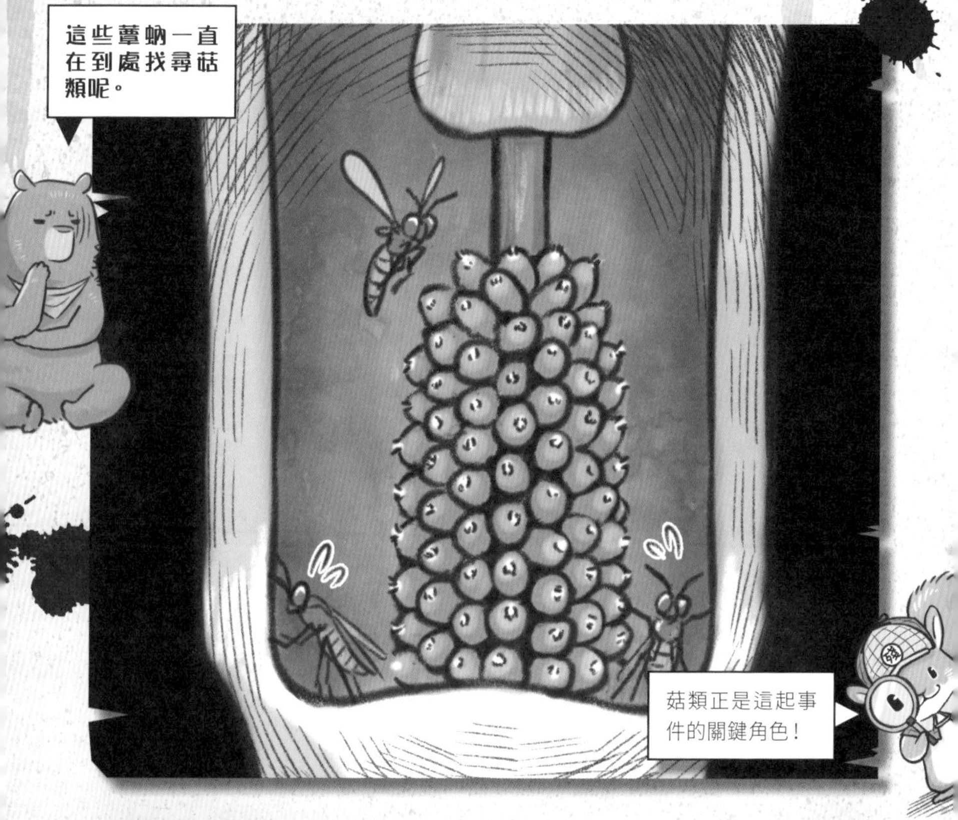
這些蕈蚋一直在到處找尋菇類呢。
菇類正是這起事件的關鍵角色！

案發現場狀況

蕈蚋（ㄒㄩㄣˋ ㄖㄨㄟˋ）大量失蹤！經過大規模搜索，才發現牠們都遭到了監禁！

受害者檔案

名　稱	蕈蚋類昆蟲
住　處	土裡、腐爛的植物內
大　小	1～3公分
備　註	蕈蚋喜歡陰暗、潮溼的地方。

這起案子的凶手是細齒天南星！

它利用菇類的香氣吸引蕈蚋，把牠們都關起來了！

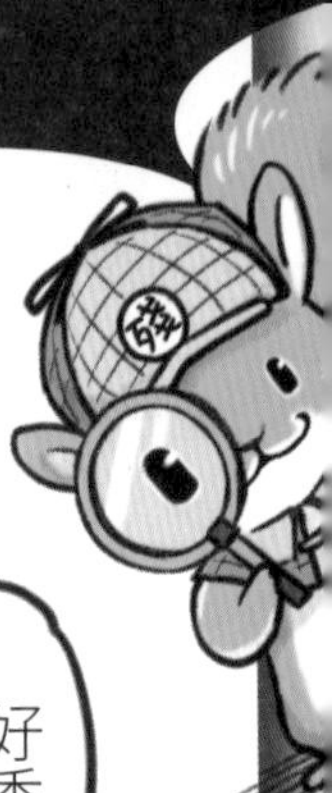

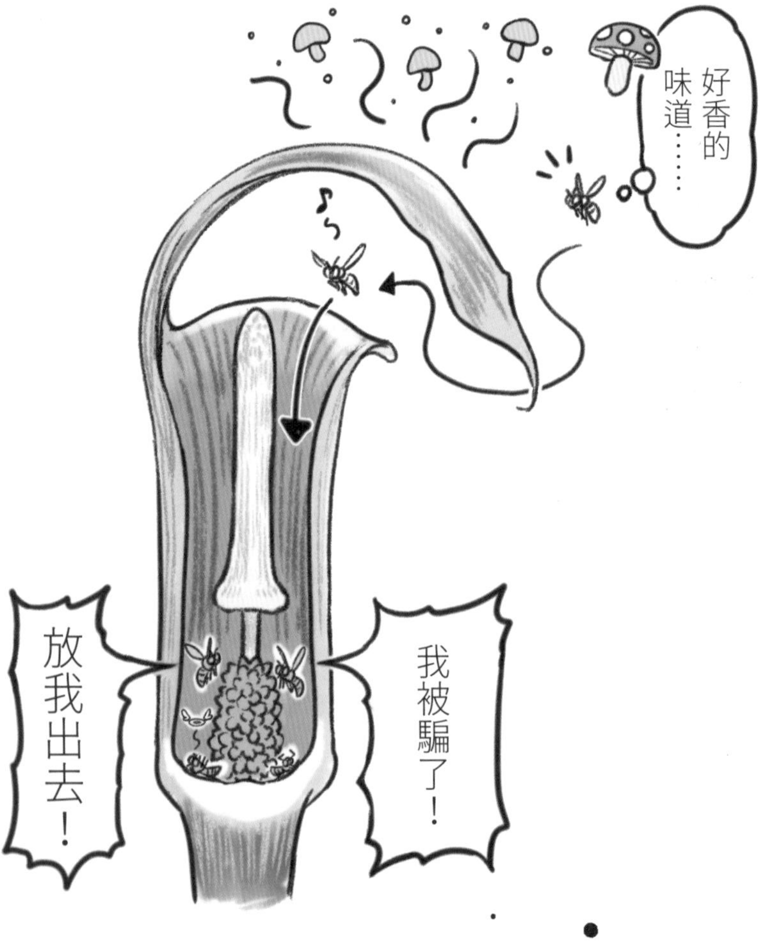
好香的味道……
放我出去！
我被騙了！

細齒天南星據說能夠散發出菇類的香氣。蕈蚋受到香味吸引，就會飛入細齒天南星的花中。那朵花如果是雄株的花，蕈蚋可以從花瓣下方的縫隙逃走，但是身上會沾滿花粉。下次這隻蕈蚋又進入雌株的花朵時，身上的花粉會沾上雌蕊，細齒天南星就能授粉成功！

但是雌株的花下方沒有縫隙，蕈蚋無法逃走，最後會死在細齒天南星的花朵內。

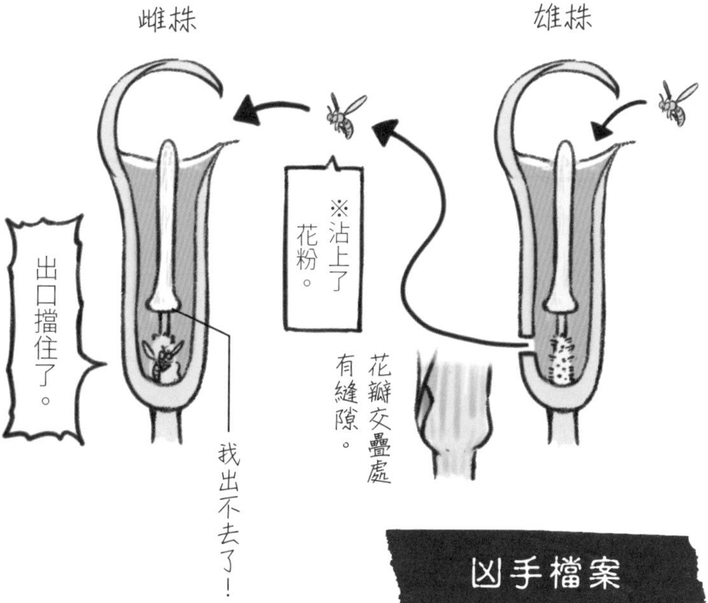

凶手檔案

名　稱	細齒天南星
住　處	潮溼的森林
大　小	高約1公尺
備　註	依營養狀態來決定雌雄株。

花的入口處有阻擋物，讓蕈蚋進來後，無法從入口出去。

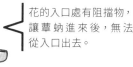

有毒的細齒天南星果實

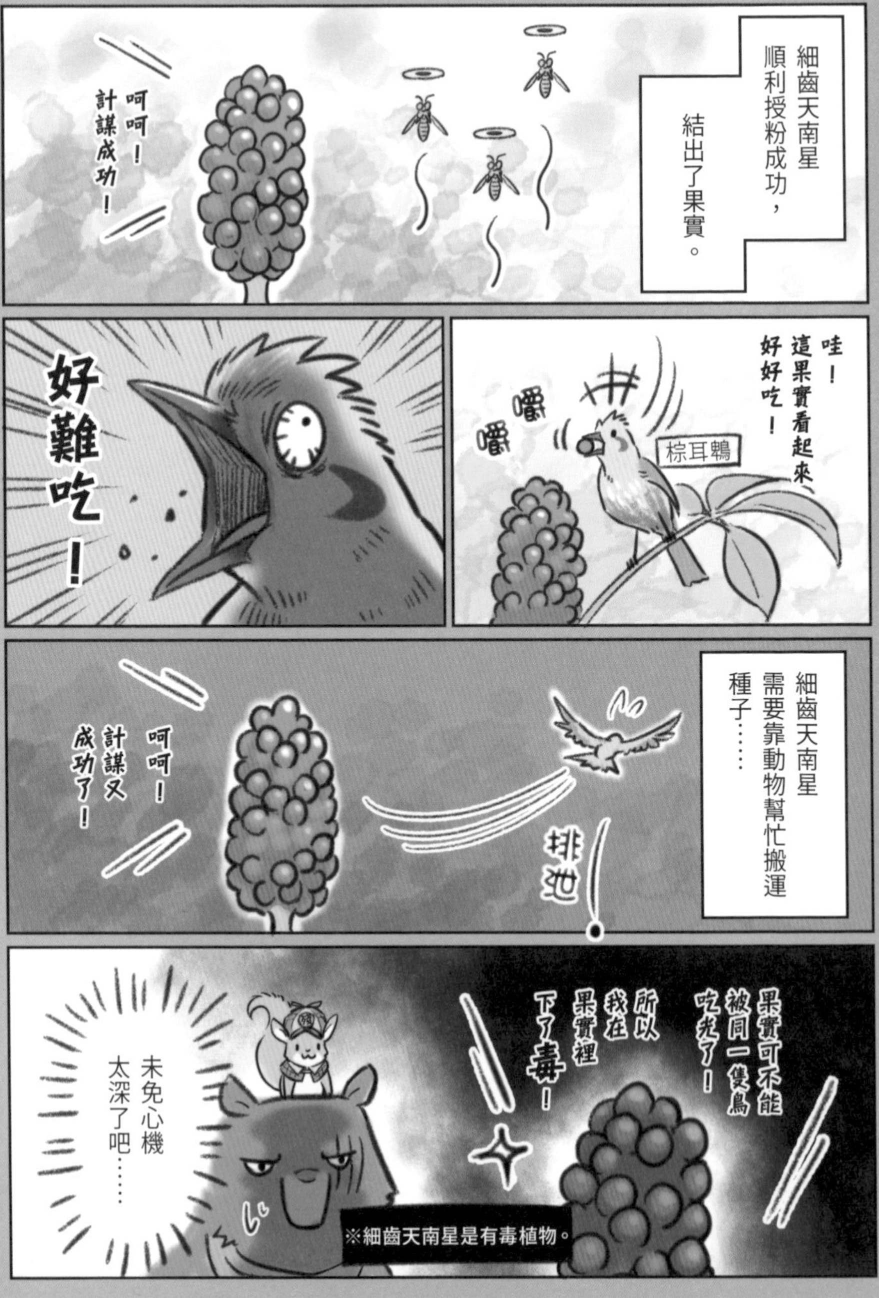
細齒天南星順利授粉成功，結出了果實。
呵呵！計謀成功！
哇！這果實看起來好好吃！
嚼嚼
棕耳鵯
好難吃！
細齒天南星需要靠動物幫忙搬運種子……
排泄！
呵呵！計謀又成功了！
果實可不能被同一隻鳥吃光了！
所以我在果實裡下了毒！
未免心機太深了吧……
※細齒天南星是有毒植物。

事件5

家白蟻女王孤獨死事件

家白蟻女王身邊不是應該有一大群工蟻嗎……？
孤伶伶…
這位女王似乎已經產了很多年的卵。

案發現場狀況

家白蟻（白蟻）女王被發現獨自陳屍屋內。生了那麼多孩子的女王，怎麼會落得這樣的下場？

受害者檔案

名　稱	家白蟻
住　處	人類住宅內的木頭中
大　小	體長約3公分
備　註	沒有木頭可以吃就會搬家。

家白蟻女王被工蟻拋棄了！
因爲牠沒辦法再產卵，工蟻不願意再照顧牠！
咦？你們不帶我走嗎？
自己走不動。

家白蟻的名字雖然有個「蟻」字，但其實是和螞蟻完全不同的昆蟲，分類上更接近蟑螂。不過牠們的社會行為和螞蟻很像，家白蟻女王受到一大群工蟻細心照顧。

家白蟻女王的唯一工作就是產卵。然而隨著年紀越來越大，家白蟻女王的產卵數量會越來越少。

當家白蟻女王已不太能產卵，工蟻就會對牠置之不理，讓牠孤獨死去……。

大家走吧！
搬家！
搬家！
成群結隊

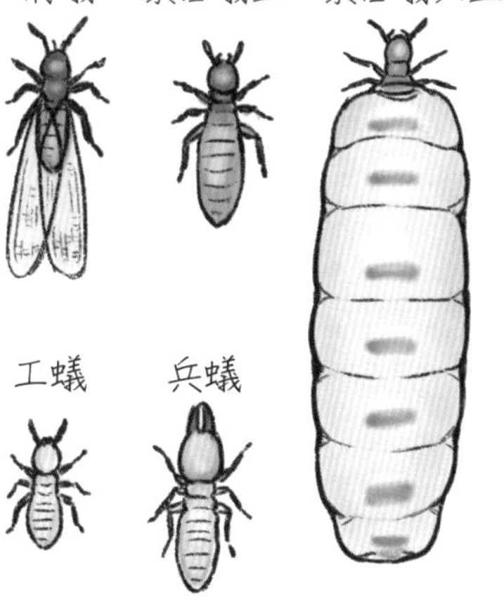
飛蟻
家白蟻王
家白蟻女王
工蟻
兵蟻

家白蟻長大之後，會分爲工蟻、兵蟻及飛蟻。當雌雄飛蟻配對成功，翅膀就會掉落，變成家白蟻女王及家白蟻王。

女王的後繼人選

我們丟下女王不管，真的不要緊嗎？
這也是沒辦法的事，牠已經不太能產卵了。
那以後要由誰負責產卵？
交給我們吧！
冒出
咦？女王回來了？
女王
女王
不……
是長得很像女王的副女王！
工蟻、兵蟻之類都是由家白蟻女王及家白蟻王靠有性生殖所生下的。
生出
但是副女王卻是女王以孤雌生殖所生出。
牠們是基因和女王完全相同的「複製女王」。
換句話說，就算女王死了……
還是會有帶著女王基因的副女王繼續活著。

事件6

螞蟻拋擲事件

飛起來了?!
拋
出
現場是非常乾燥的沙地。

案發現場狀況

這次的受害者是螞蟻。在這片有著許多坑洞的乾燥沙地，螞蟻的屍體竟然飛起來了。

受害者檔案

名　稱	螞蟻
住　處	草原或人類的住宅區
大　小	體長約5公釐
備　註	有時一個巢內不只一隻蟻后。

凶手是蟻蛉的幼蟲！

牠設下陷阱，把螞蟻抓起來吃掉了！

蟻蛉的幼蟲稱作「蟻獅」，也就是俗稱「流沙地獄」的製造者。蟻獅會在沙地上挖一個洞當成陷阱，自己躲在坑洞的中央，當有螞蟻跌入洞中，蟻獅就會抓住，吸取螞蟻的體液。雖然流沙地獄給人一種掉進去就再也出不來的印象，但其實順利逃走的螞蟻也滿多的。蟻獅為了不讓螞蟻逃出洞外，有時會朝螞蟻噴灑沙子。

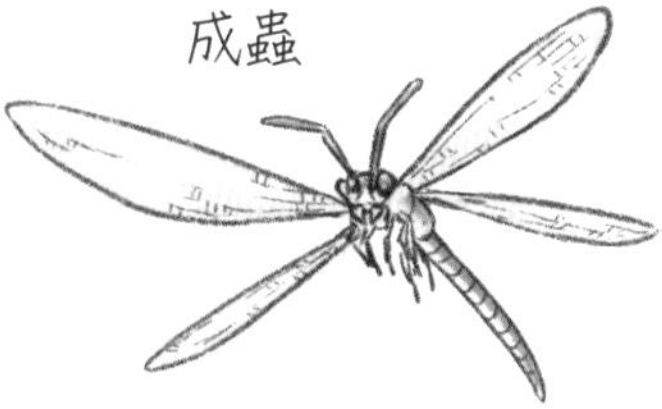
成蟲

蟻獅設置的陷阱需要很滑的沙子，因此會選擇不會接觸到雨水的沙地。

凶手檔案

名　稱	蟻獅（蟻蛉的幼蟲）
住　處	沒有雨水的乾燥沙地
大　小	體長約1公分
備　註	只要是掉進流沙地獄的昆蟲，不管是不是螞蟻都會吃掉。

吃完就往外丟

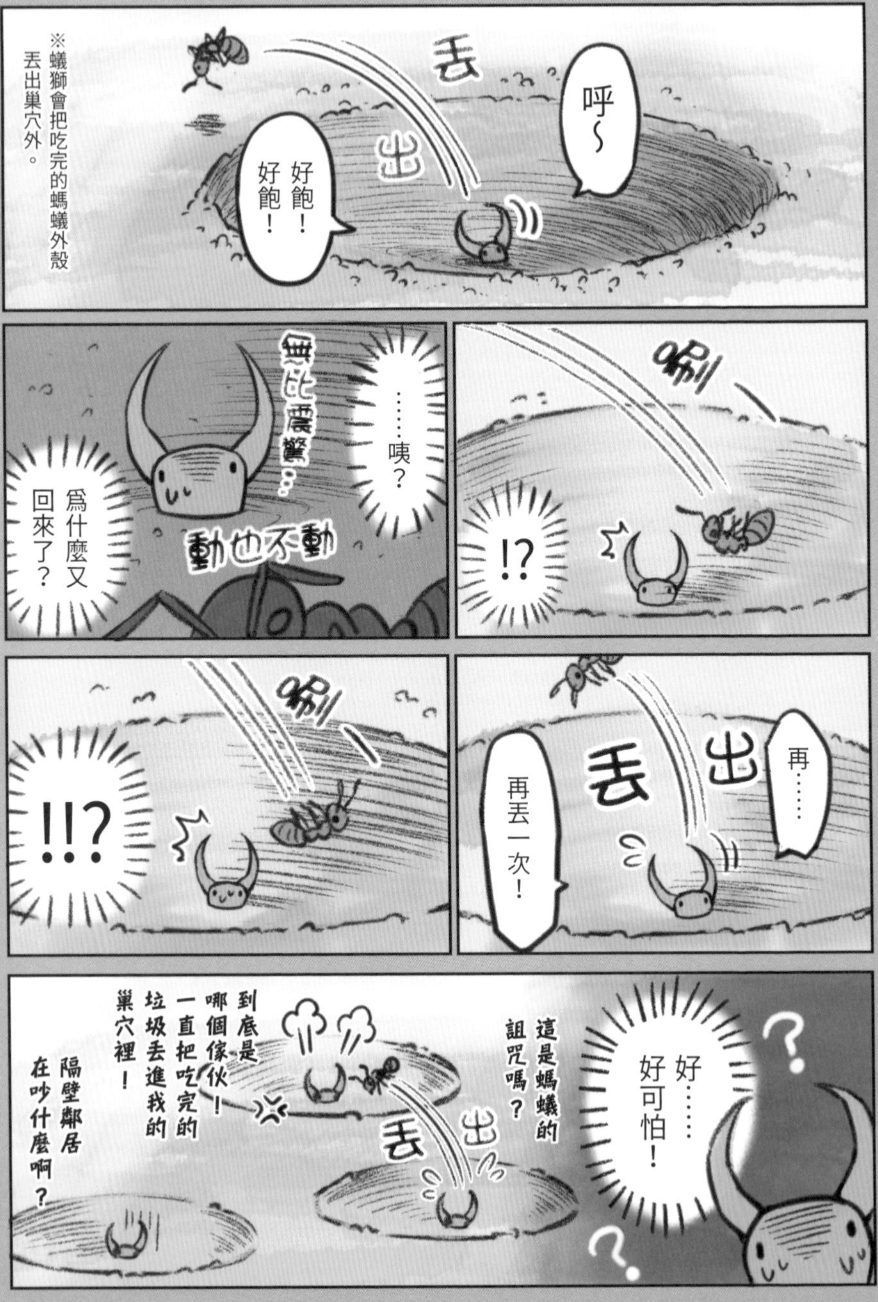

※蟻獅會把吃完的螞蟻外殼丟出巢穴外。
呼~
丟出
好飽！好飽！
咻—
!?
……咦？
無比震驚……
爲什麼又回來了？
動也不動
再……
再丟一次！
丟出
咻—
!!?
好……好可怕！
這是螞蟻的詛咒嗎？
到底是哪個傢伙！一直把吃完的垃圾丟進我的巢穴裡！
丟出
隔壁鄰居在吵什麼啊？

事件7

蚜蟲殭屍事件

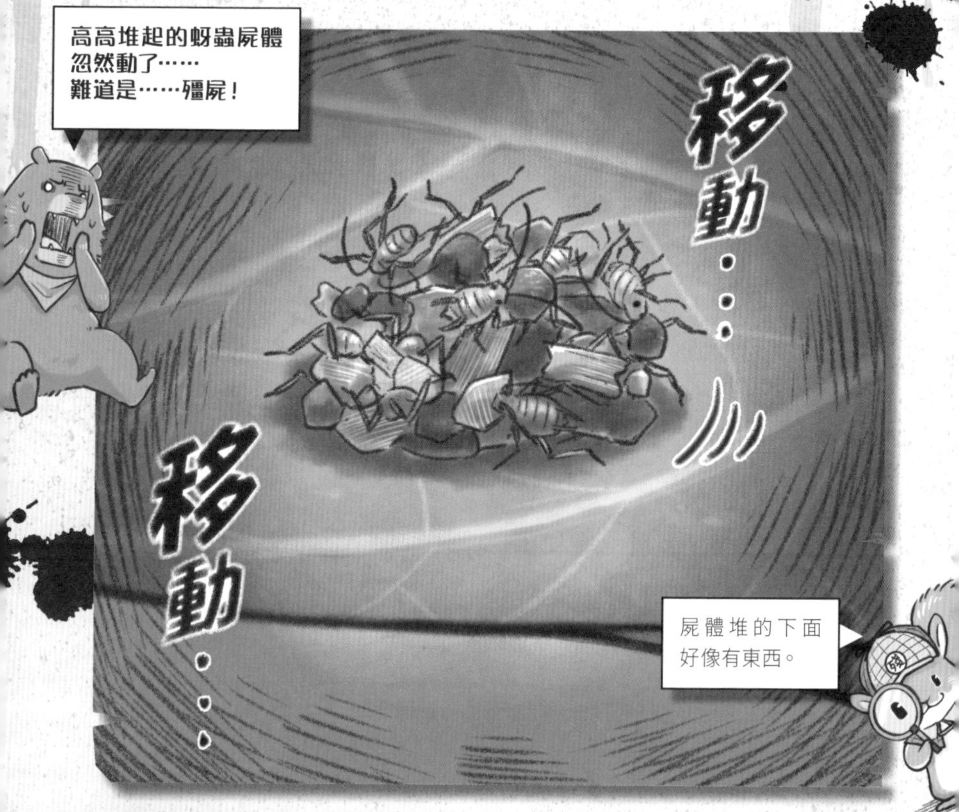
高高堆起的蚜蟲屍體
忽然動了……
難道是……殭屍！
移動……
移動……
屍體堆的下面
好像有東西。

受害者檔案

名　稱	蚜蟲
住　處	樹葉背面之類的地方
大　小	體長約2公釐
備　註	吸食植物的汁液長大。

案發現場狀況

蚜蟲的屍體堆得像山一樣高，而且竟然會慢慢移動……。

那不是殭屍，是草蛉的幼蟲！
牠爲了保護自己，故意把屍體背在背上！

草蛉的幼蟲不僅會吸食蚜蟲之類小型昆蟲的體液，而且還會把死亡的蚜蟲空殼背在背上帶著走。

據推測，這是一種保護自己不被天敵發現的「偽裝」手法。

除了死亡的蚜蟲之外，牠也會背各種木屑、塵埃。

或許，在牠的背上什麼東西都能找到呢。

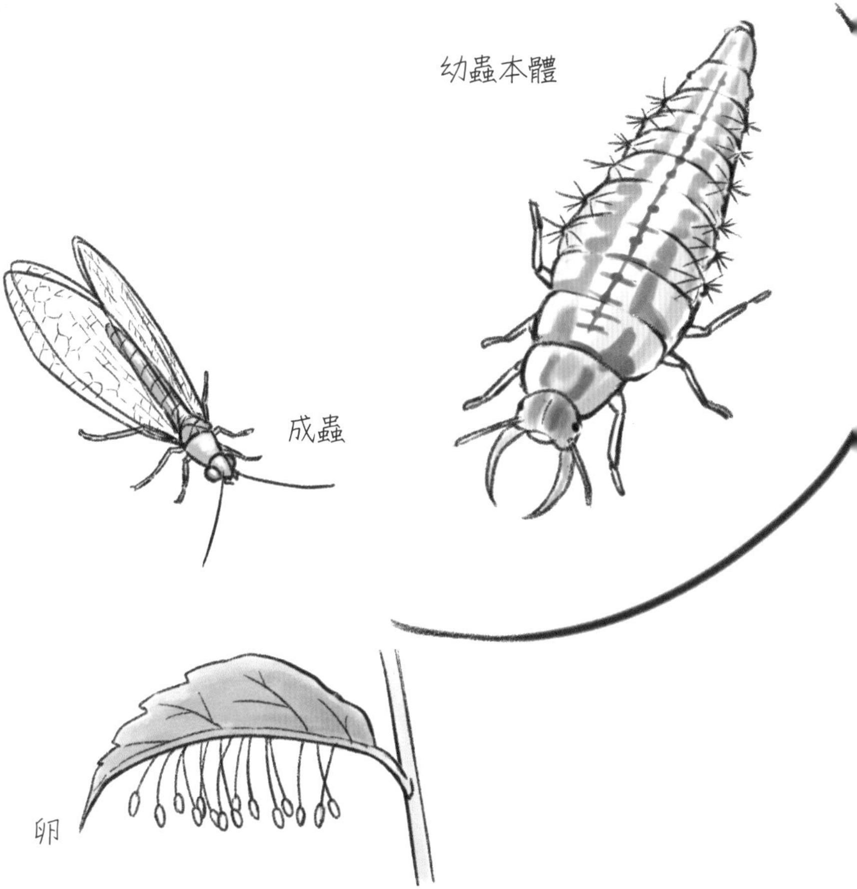

凶手檔案

名　稱	草蛉幼蟲
住　處	低矮灌木、草叢上
大　小	體長約1公分
備　註	草蛉的幼蟲又稱作「蚜獅」或「蚜狼」。

草蛉的卵看起來很像花朵，在古代稱作「優曇婆羅花」，被認為是每三千年才會盛開一次的奇花。

名字裡頭有「蛉」字的昆蟲

這次的主角是……草蛉的幼蟲。
咦？
草蛉不是那個……製造「流沙地獄」的昆蟲嗎？

名稱很像，但是不一樣。
上次是「蟻蛉」，這次是「草蛉」。
完全是不一樣的昆蟲。
眞……眞是太複雜了！
另外還有長得很像的「蜉蝣」，也是完全不同的昆蟲。

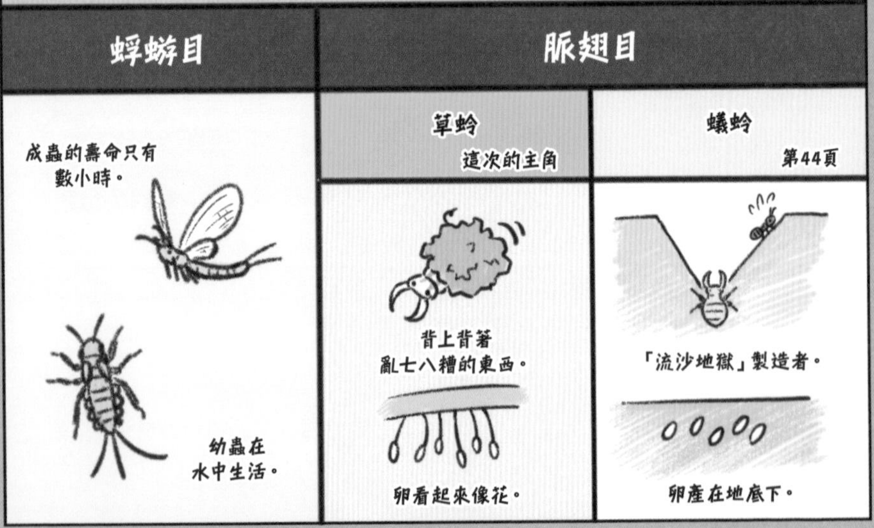
蜉蝣目
脈翅目
草蛉
這次的主角
蟻蛉
第44頁
成蟲的壽命只有數小時。
幼蟲在水中生活。
背上背著亂七八糟的東西。
卵看起來像花。
「流沙地獄」製造者。
卵產在地底下。

事件8

樹木折斷事件

枯樹幹的上頭竟然
有被勒過的痕跡！
這一帶樹木非常茂
密，陽光幾乎照不進
來。

受害者檔案

名　稱	樹
住　處	土壤上方
大　小	依種類不同有很大差異。
備　註	喜歡太陽。

案發現場狀況

一棵枯樹斷成了兩截，樹幹上有勒痕。

凶手是藤蔓植物！

樹木是被藤蔓勒死了！

植物必須進行光合作用才能生長。但是在植物長得太密集的地區，陽光會被高大的植物遮蔽。因此大部分的植物都是盡量往上長，讓自己高過其他植物。

而藤蔓植物則是靠著伸出藤蔓捲住其他植物，藉此更有效率的獲取陽光。

被藤蔓植物捲住的植物會越來越虛弱，最後甚至可能會枯萎。

烏蘞莓

日常生活中常見的烏蘞（ㄌㄧㄢˋ）莓也是藤蔓植物。就算是竹子，一旦被藤蔓纏上，也有可能會枯萎。

凶手檔案

名　稱	藤蔓植物
住　處	矮山至平地
大　小	高約10公尺
備　註	同樣是藤蔓植物，野田藤的藤蔓是往右旋，山藤的藤蔓卻是往左旋。

爭奪陽光的殘酷歷史

很久很久以前……
植物演化過程中，出現了形形色色的樹木……
針葉樹：往上長！不斷往上長！
闊葉樹：善加利用周圍的空間！
這些樹木展開了激烈的陽光爭奪戰。
要長到有陽光的地方，
往往必須付出相當大的代價……
呈現飽和狀態！
但是後來卻出現了……
藤蔓植物！
唰
唰
唰
唰
只要攀著其他樹木往上爬，
就可以將付出成本降至最低！
換句話說……
藤蔓植物捲住其他植物，其實並不是想殺死它們。
我快死了……
唔？
同歸於盡……
宿主枯萎了，藤蔓植物也會很慘吧……

事件9

花蛤肉消失事件

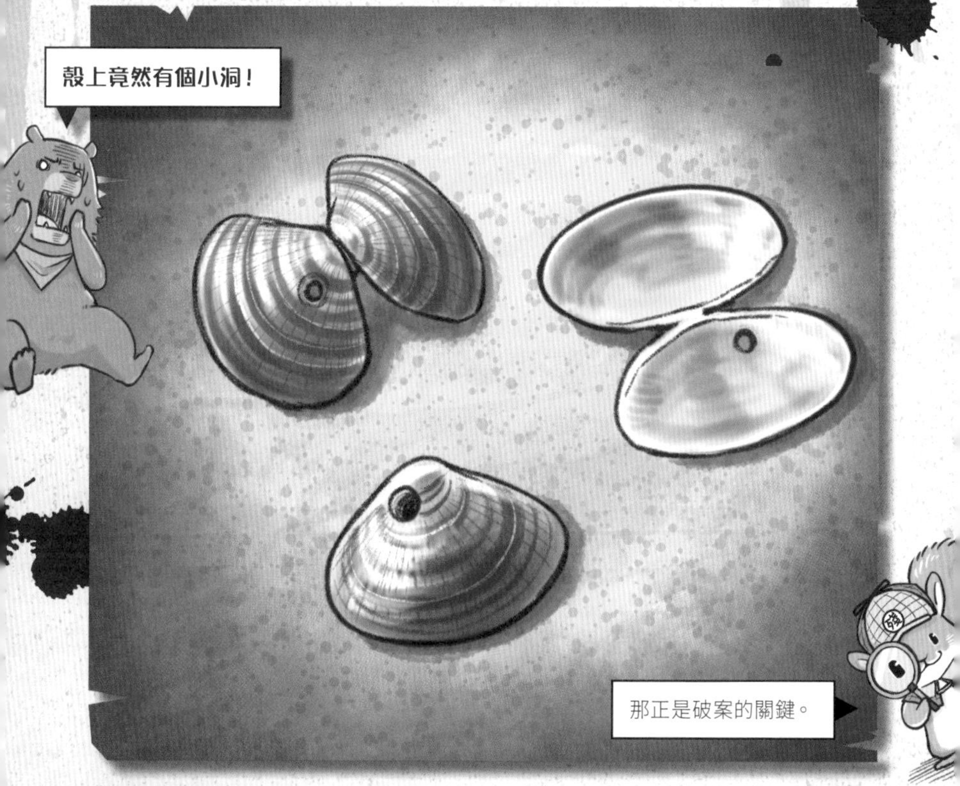
殼上竟然有個小洞！
那正是破案的關鍵。

受害者檔案

名　稱	花蛤
住　處	泥灘
大　小	寬約3公分
備　註	一個花蛤每天會吞吐約10公升的水。

案發現場狀況

這一次，是花蛤殼裡的肉消失了，只剩下空蕩蕩的外殼，而且殼上有個小洞。

凶手是扁玉螺！

牠在花蛤的殼上打洞，把肉吃掉了！

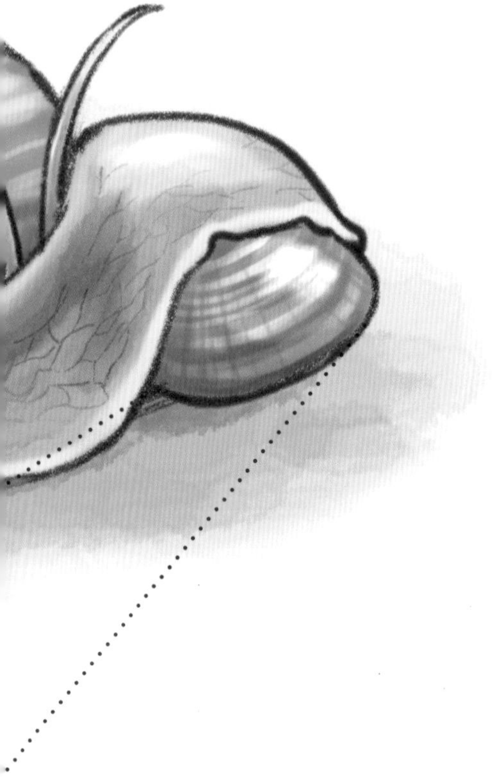

扁玉螺是生活在潮間帶的螺類。到泥灘撿花蛤時，常常會看到扁玉螺。由於牠的身體會向周圍水平擴散，外觀像液體，看起來有點可怕。

扁玉螺擁有宛如銼刀一般的牙齒（齒舌），能夠將花蛤的外殼挖出一個洞，吸食裡頭的肉。雖然聽起來有點可怕，但這就是扁玉螺的生存之道。

去泥灘撿花蛤的時候，如果運氣不好，會發現花蛤都被扁玉螺吃光了呢。

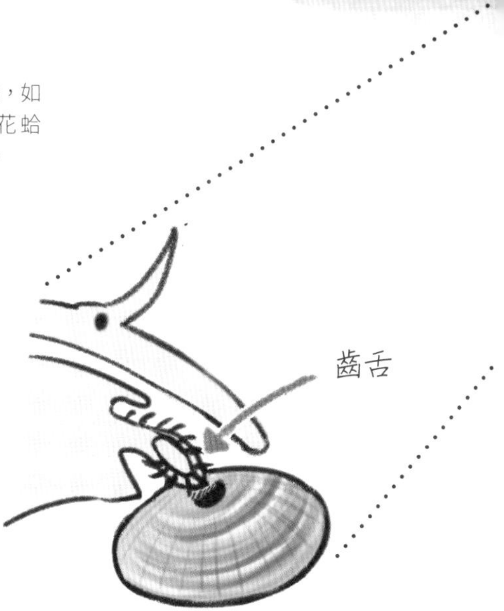

凶手檔案

名　稱	扁玉螺
住　處	泥灘
大　小	寬約5公分
備　註	殼的形狀會隨著生存環境而改變。

對漁業的重大影響

※近年來日本確實常因爲扁玉螺大量繁殖的關係，導致摸蛤仔之類活動停止舉辦。

事件10

異形菜蟲事件

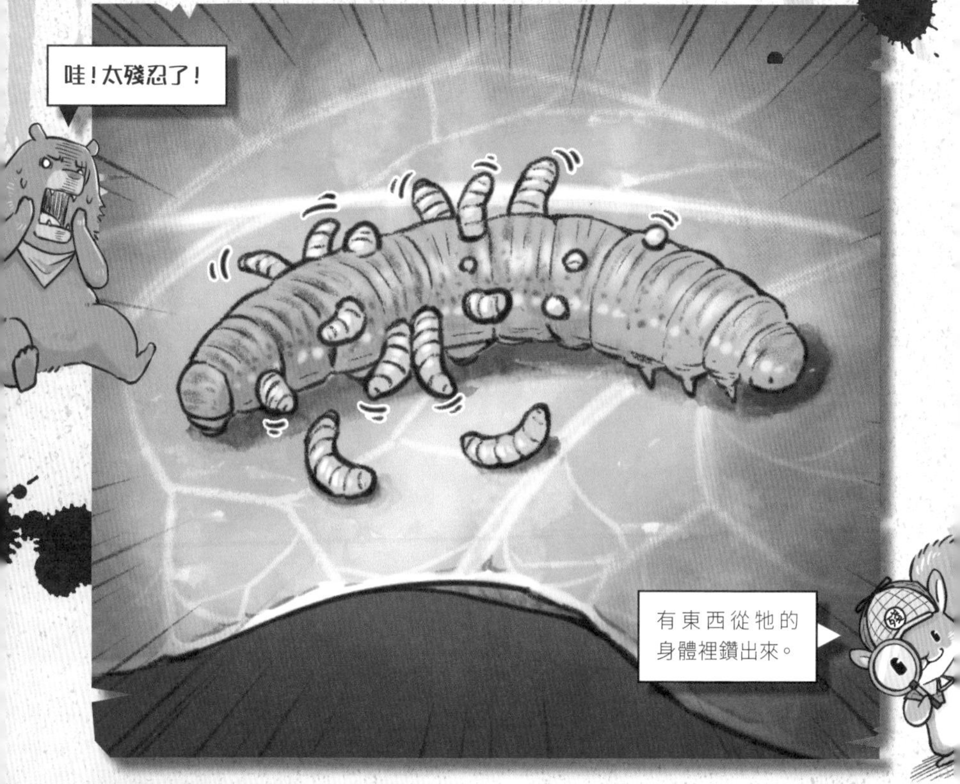
哇！太殘忍了！
有東西從牠的身體裡鑽出來。

受害者檔案

名　稱	菜蟲（紋白蝶的幼蟲）
住　處	高麗菜之類的蔬菜
大　小	全長約3公分
備　註	喜歡吃高麗菜。

案發現場狀況

好多小生物從菜蟲（紋白蝶的幼蟲）的身體裡鑽出來！那到底是什麼生物？

凶手是菜蝶絨繭蜂！

牠的幼蟲寄生在菜蟲體內，咬穿了菜蟲的身體！

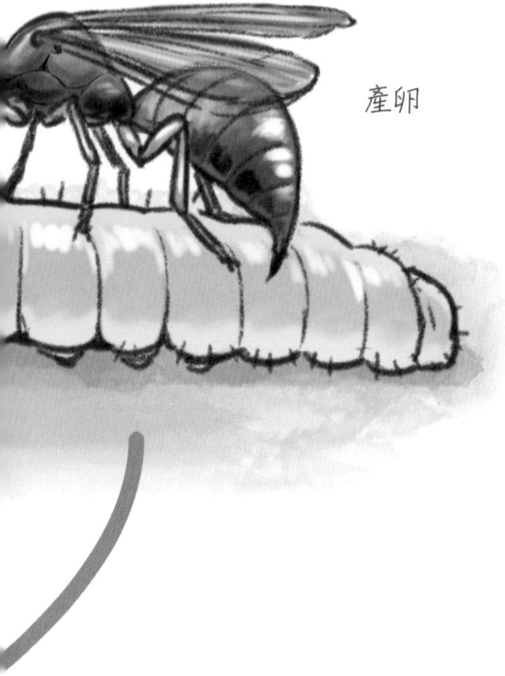

高麗菜被菜蟲咬的時候，會散發出一種名叫「利他素」的物質。

菜蝶絨繭蜂是一種寄生蜂，當牠聞到利他素的氣味，就會前往尋找菜蟲，在菜蟲的身體裡產卵。

每次產卵數十顆，這些卵在菜蟲的體內孵化成幼蟲，不斷從菜蟲體內吸取養分，長達約十四天的時間。

直到準備要結繭的時候，這些幼蟲才會鑽破菜蟲的身體，跑到外面。

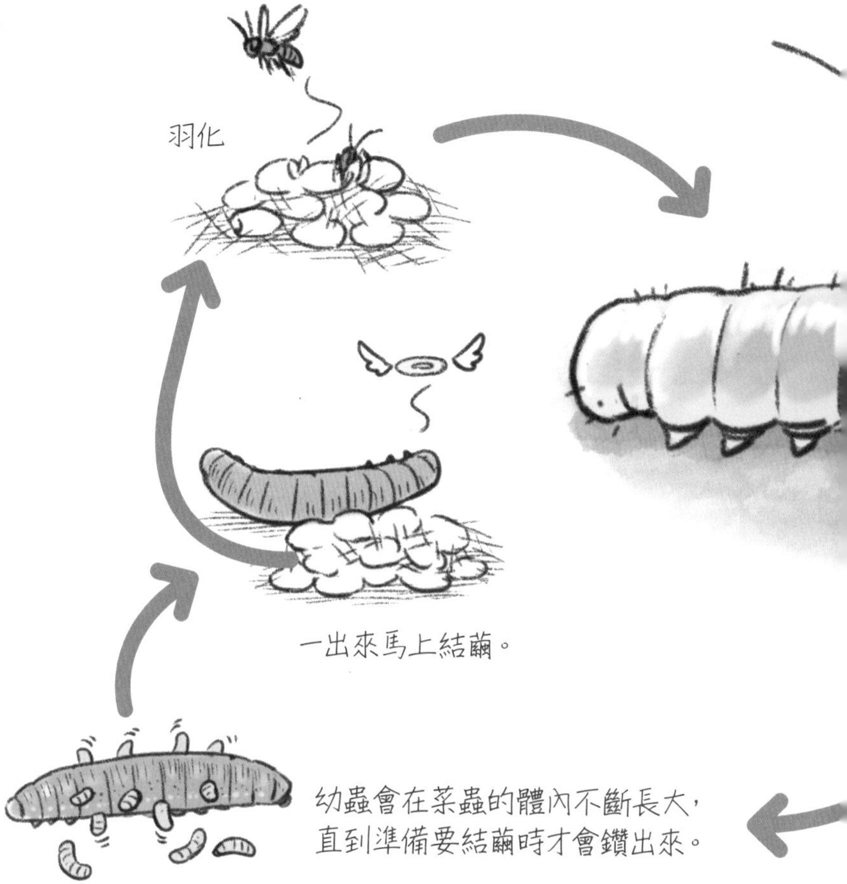
羽化
一出來馬上結繭。
幼蟲會在菜蟲的體內不斷長大，
直到準備要結繭時才會鑽出來。

凶手檔案

名　稱	菜蝶絨繭蜂
住　處	幼蟲時期棲息在菜蟲體內。
大　小	體長約3公釐
備　註	結繭七天後羽化成成蟲。

菜蟲（紋白蝶的幼蟲）很容易遭各種寄生蟲利用，只有極少數菜蟲能順利變成紋白蝶。

如果世界上沒有寄生蜂

化學物質
利他素
嚼嚼
高麗菜被菜蟲咬的時候，會散發出一種特殊的化學物質。
寄生蜂能夠聞出這種化學物質的氣味，順利找到蝴蝶的幼蟲。
啊！在那邊！
這種化學物質就像是植物發出的SOS信號。
如果沒有寄生蜂這類菜蟲的天敵，蝴蝶就會大量繁殖，
到最後所有的植物都會被吃掉……
嚼
這麼一來，蝴蝶自己也活不下去。
找不到植物可以產卵！
一切都是爲了生態的平衡……

炎熱的季節

阿珠成為偵探助理的理由

知了知了~
知了知了~
我一直感到很好奇……
阿珠那麼膽小，爲什麼會擔任偵探先生的助理？
知了知了~
知了知了~
我跟阿珠是在三年前的夏天認識的……
知了知了~
就是這個洞窟？
知了知了~
你說裡頭躲了一頭熊？
是啊！
這是大家每年都要用到的洞窟，但是現在躲了一頭熊，沒有人敢進去。
原來如此，我明白了……
先進去看看狀況吧。
抬頭

你爲什麼躲在這裡？
身體不舒服嗎？
殘
我討厭這個殘酷的世界……
大家都在互相掠奪……
互相欺騙……
互相殺害……
每天都在發生這樣的事情。
哎呀呀……
聽說熊本來就是一種膽小的動物……
但你好像比其他的熊更加膽小。
這個世界絕對不是只有殘酷的事情。

許多生物在遇上其他生物的時候，
確實常常會做出各種殘酷的行爲。
但是大家其實……
都只是想要活下去而已。
……我不太懂你的意思。
這樣好了，你來當我的助理吧。
當你明白了各種生物的生存之道，
相信你一定會更加喜愛這個世界。
噢……於是阿珠就成爲你的助理？
但這個「助理」好像什麼也沒做。
驚
他只負責驚嚇和害怕。
殘酷了！

獨角仙分屍事件

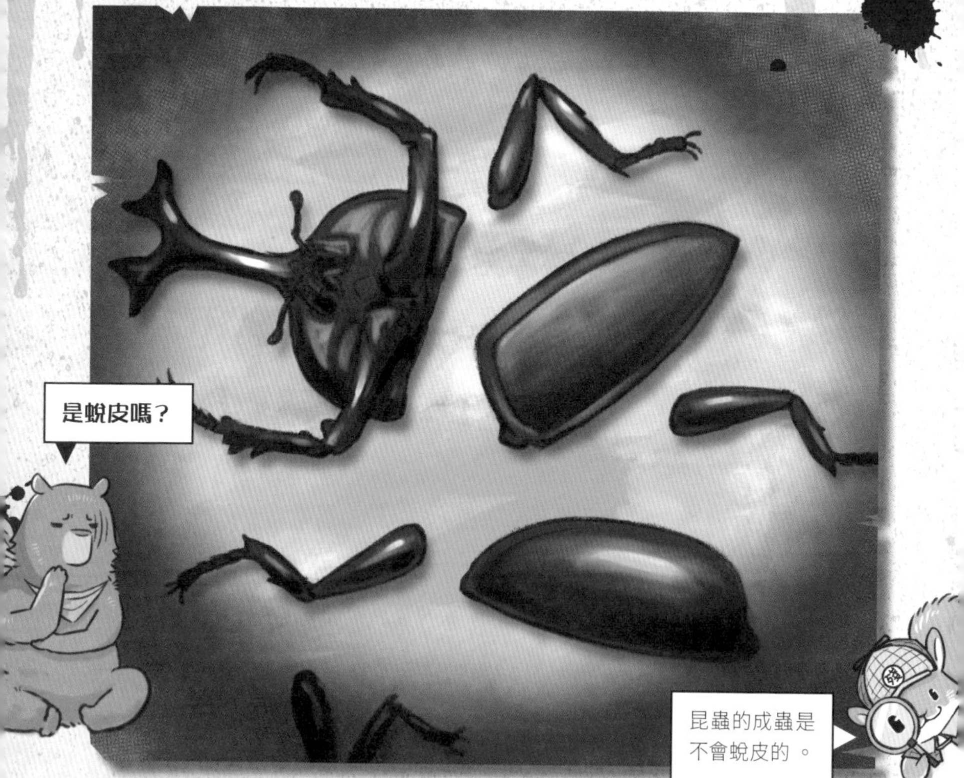
是蛻皮嗎？
昆蟲的成蟲是
不會蛻皮的 。

案發現場狀況

在一座神社內，發生了獨角仙的分屍案。而且這隻獨角仙只剩下外殼，裡頭空空如也。

受害者檔案

名　稱	獨角仙
住　處	枯樹葉底下、麻櫟之類的樹上。
大　小	體長約5公分
備　註	喜歡吸食麻櫟、柳樹的甜美汁液。

凶手是褐鷹鴞！

牠吃掉獨角仙的身體，只留下堅硬的外殼！

褐鷹鴞是一種貓頭鷹，以昆蟲及小動物為主要食物。

大多數的鳥類吃昆蟲都是一口吞下，但褐鷹鴞是個超級美食家。吃有硬殼的昆蟲時，會丟掉硬殼，只吃裡頭的柔軟部位。

如果在神社或是少有人經過的樹木底下，發現散落的昆蟲外殼，很可能就是褐鷹鴞幹的好事。

某種天牛　某種蟬　某種蛾

凶手檔案

名　稱	褐鷹鴞
住　處	樹洞
大　小	全長約30公分
備　註	褐鷹鴞是候鳥，只會在夏天進入日本地區（沖繩除外）。

獨角仙之類的甲蟲較少出現的春天至初夏，褐鷹鴞也會吃蛾之類的昆蟲。

就算是昆蟲界的帝王……

我聽到風聲了！
沙！
你……你是……
足以與獨角仙匹敵的昆蟲界帝王……
鍬形蟲大哥！
站出！
聽說獨角仙那傢伙被幹掉了？牠原本是我最好的對手……
該死的鳥！我要替獨角仙報仇！
奔
喔喔喔喔！
跑
鍬形蟲大哥！
散落一地！
鍬形蟲大哥！

事件12

鳥蛋連環摔破事件

蛋摔破了！
好可憐！
鳥巢裡只剩下
一隻雛鳥……

受害者檔案

名稱	東方大葦鶯
住處	河邊的蘆葦草原
大小	全長約19公分（成鳥）
備註	叫聲聽起來像是蛙鳴。

案發現場狀況

東方大葦鶯的巢裡孵出了一隻雛鳥，其他蛋卻都掉出巢外破掉了。僅存的一隻雛鳥倒是長得非常健壯。

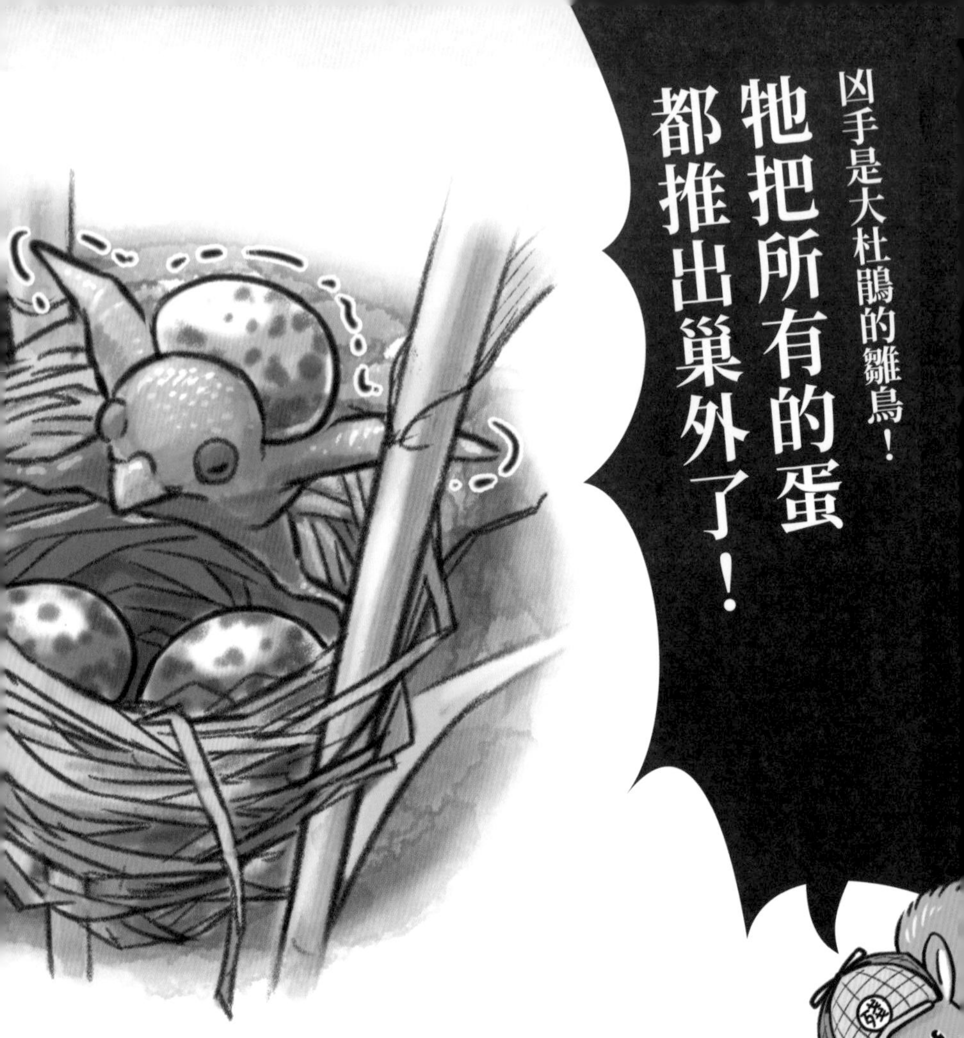
凶手是大杜鵑的雛鳥！
牠把所有的蛋
都推出巢外了！

大杜鵑會在葦鶯等其他鳥類的巢裡產卵，讓牠們代替自己養育雛鳥，這種行為稱作「托卵」。

大杜鵑的蛋只要十天左右就會孵化，比葦鶯等其他鳥類的蛋孵化得還快。雛鳥一孵化，就會以背部將其他的蛋一一推出巢外摔破。

這麼一來，大杜鵑雛鳥就能獨占所有的食物了。

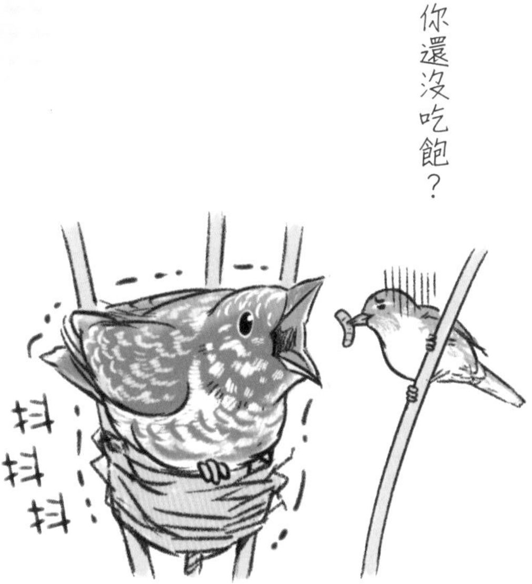

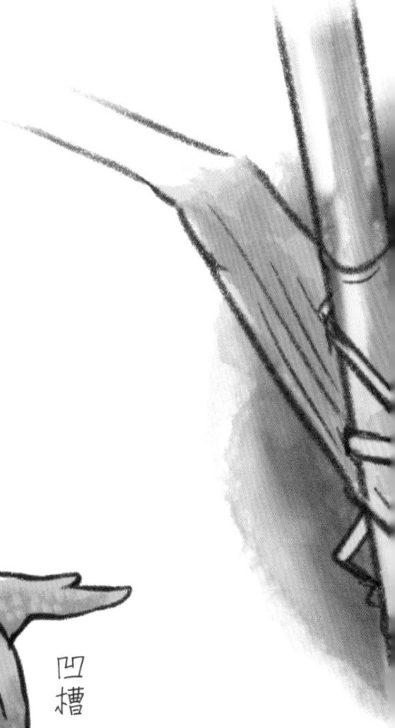

凶手檔案

大杜鵑的雛鳥還未張開眼睛，就懂得把其他蛋推出巢外。雛鳥的背上有個凹槽，據說就是方便把蛋背起來並推出去。

名　稱	大杜鵑
住　處	森林
大　小	全長約35公分（成鳥）
備　註	公鳥在繁殖期間會發出「布穀、布穀」的叫聲，所以又稱作「布穀鳥」。

這只是動物的本能

嘿咻
嘿咻
掉下
呼…
才剛出生，連眼睛都還沒睜開。
…
完全沒看到自己剛剛做了什麼事。
…
大杜鵑成鳥
…
現在才發現原來自己小時候幹了這種壞事。

事件13

田鱉卵破壞事件

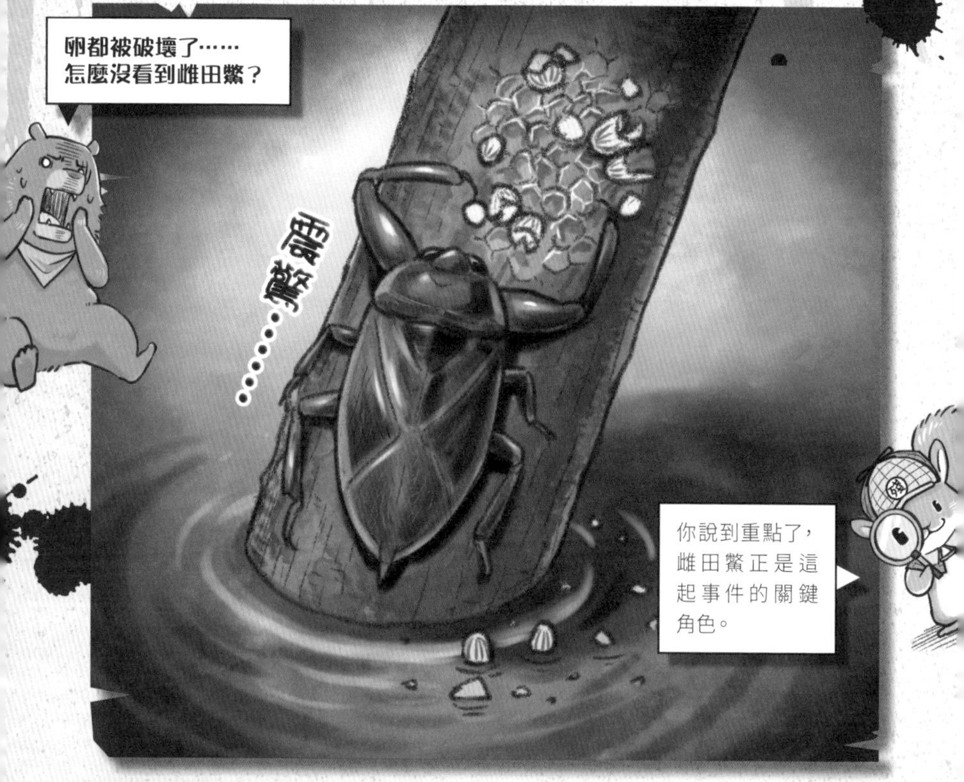
卵都被破壞了……
怎麼沒看到雌田鱉？
震驚……
你說到重點了，雌田鱉正是這起事件的關鍵角色。

案發現場狀況

某一天，雄田鱉（ㄅㄧㄝ）細心呵護的卵遭人蓄意破壞，所有的孩子都死光了。

受害者檔案

名　稱	田鱉
住　處	水中
大　小	體長約6公分
備　註	沒辦法待在乾燥的地點。

凶手就是路過的雌田鱉！

爲了與雄田鱉交配，故意把卵全部破壞掉。

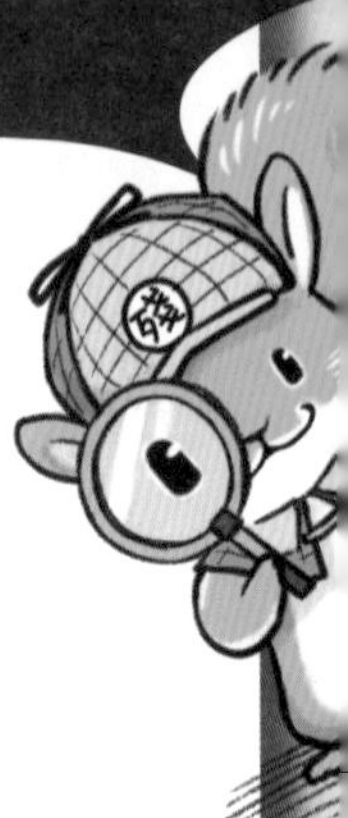

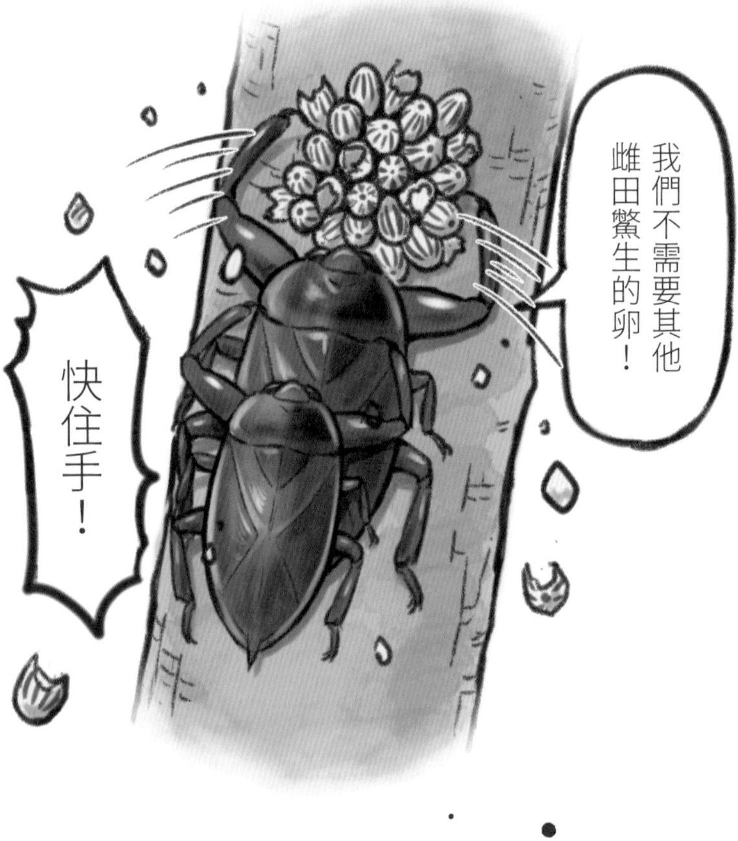
我們不需要其他雌田鱉生的卵！
快住手！

田鱉養育孩子的方式有點奇特。雌田鱉產下卵之後，雄田鱉會守護在卵的旁邊，避免幼蟲孵化之前因乾燥而死亡。

如果這時剛好有還沒產卵的雌田鱉經過，那就危險了！

雌田鱉會為了與雄田鱉交配，故意破壞雄田鱉所守護的卵，讓雄田鱉改為守護自己所產下的卵。

雄田鱉的體型比雌田鱉小得多，所以往往無法阻止雌田鱉破壞卵。

殺害幼子的行爲，在獅子之類的哺乳類動物，以及鳥類之間很常見，但在昆蟲界裡相當罕見。

前任獅王的孩子絕不能活著！
哇啊啊～

卵被破壞之後，父親該何去何從？

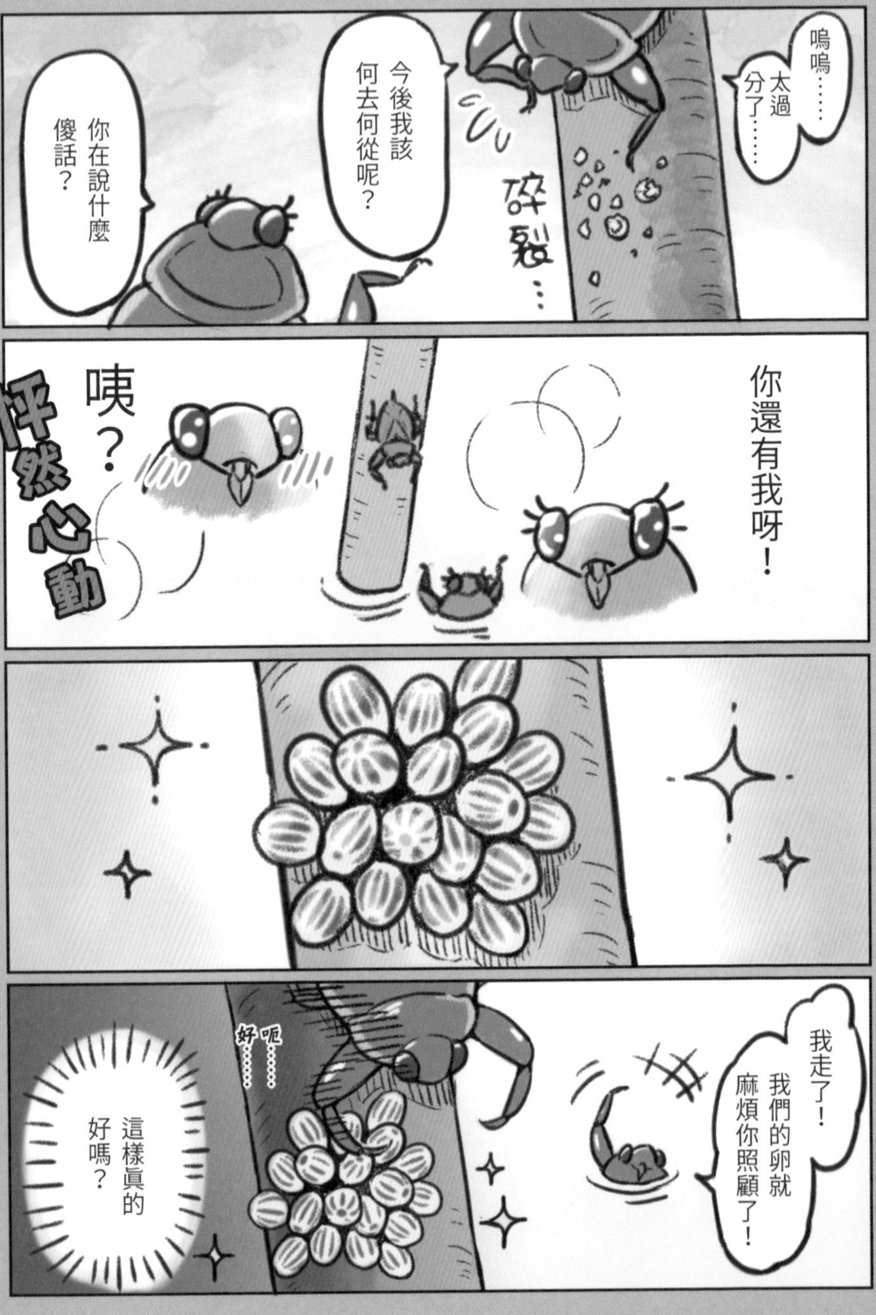

事件14

尺蠖塞滿滿事件

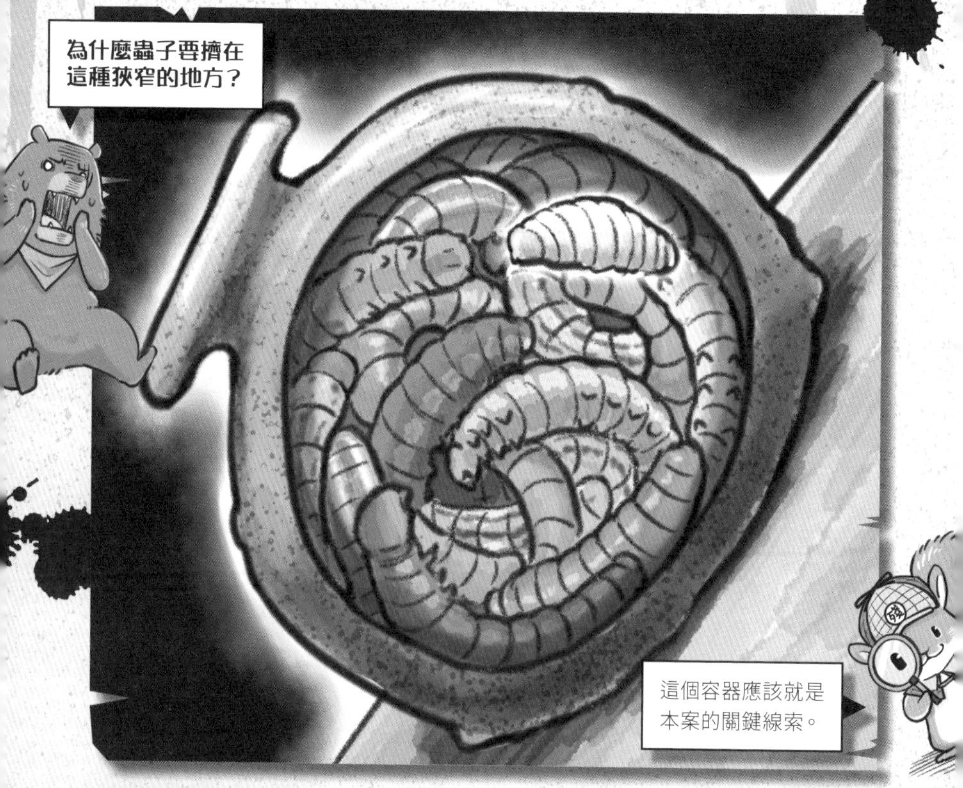
為什麼蟲子要擠在這種狹窄的地方？
這個容器應該就是本案的關鍵線索。

受害者檔案

名　稱	尺蠖（尺蠖蛾的幼蟲）
住　處	草叢之類的地方
大　小	全長2～6公分
備　註	幼蟲靠伸縮身體的方式前進。

案發現場狀況

好多尺蠖（ㄏㄨㄛˋ）（尺蠖蛾的幼蟲）都擠在宛如小酒瓶的容器裡，而且全都昏倒了。

凶手就是泥壺蜂！
捉了那麼多尺蠖，是爲了給自己的孩子當食物！

雌泥壺蜂會以泥漿築起約一公分大小的酒瓶狀巢穴。接著泥壺蜂會在巢穴裡產卵，然後到處捕捉尺蠖之類的小蟲，塞進巢穴裡。這些尺蠖都被泥壺蜂用毒針麻痺。等到整個巢穴都塞滿尺蠖後，泥壺蜂就會封住巢穴的洞口。

泥壺蜂的幼蟲一孵化出來，就有大量的新鮮尺蠖可以吃。

凶手檔案

名　稱	泥壺蜂
住　處	人類的住宅區、草叢
大　小	體長約1.5公分
備　註	泥壺蜂媽媽會尋找食物給幼蟲吃。

只有雌泥壺蜂才具備狩獵用的毒針。

會變魔術的泥蜂

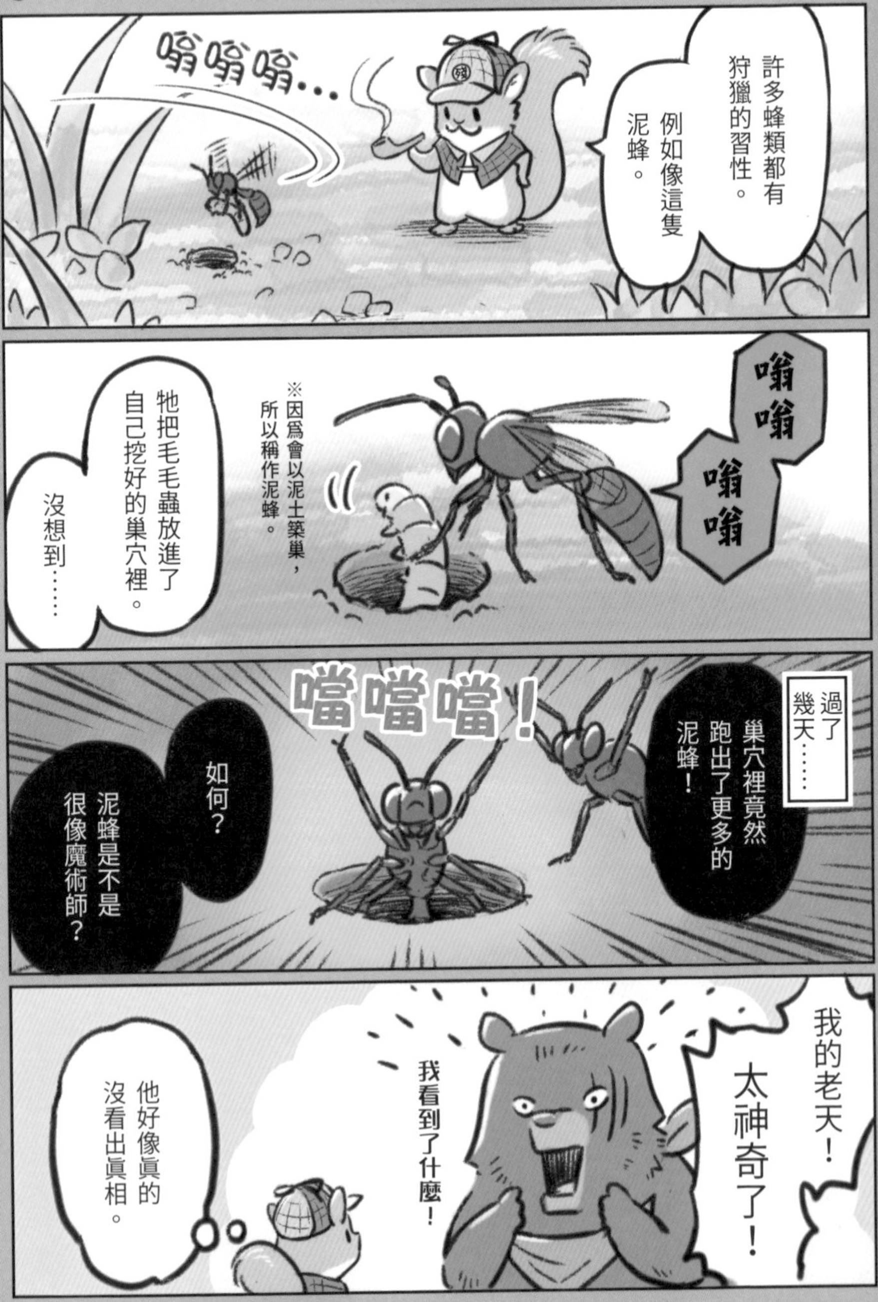
嗡嗡嗡…
許多蜂類都有狩獵的習性。
例如像這隻泥蜂。
嗡嗡
嗡嗡
※因爲會以泥土築巢，所以稱作泥蜂。
牠把毛毛蟲放進了自己挖好的巢穴裡。
沒想到……
過了幾天……
巢穴裡竟然跑出了更多的泥蜂！
噹噹噹！
如何？
泥蜂是不是很像魔術師？
我的老天！
太神奇了！
我看到了什麼！
他好像眞的沒看出眞相。

事件15

蝌蚪綁架事件

森樹蛙不是會在水邊的樹上產卵嗎？
一片——安靜
孵化出來的蝌蚪，照理來說會掉進水裡……

案發現場狀況

森樹蛙的卵孵化出了很多小蝌蚪，但是大部分的蝌蚪都不見了……難道是被綁架了？

受害者檔案

名　稱	蝌蚪（森樹蛙的幼體）
住　處	山上或森林裡
大　小	體長約1公分（剛孵化）
備　註	成體會在水邊的樹上產卵。

凶手是紅腹蠑螈！
牠們吃掉了落入池中的
蝌蚪！

森樹蛙是一種相當擅長爬樹的青蛙。每到繁殖期，雌森樹蛙會在水邊的樹木上產卵。蝌蚪孵化時，就會直接落入下方的水中。

但是在蝌蚪即將孵化的時候，下面可能已經有好幾隻紅腹蠑螈在等著。

這次的案子也是一樣，蝌蚪一落入水中，馬上就被紅腹蠑螈吃掉了。

森樹蛙產卵模樣

凶手檔案

只要有一隻雌森樹蛙準備在樹上產卵，同時會有好幾隻雄森樹蛙撲到牠的背上。

名　稱	紅腹蠑螈
住　處	靠近水的地方
大　小	全長約10公分
備　註	日本本土唯一蠑螈種類。

紅腹蠑螈的再生能力

紅腹蠑螈雖然虎視眈眈的等在樹下……
喂……
別推啦……
蝌蚪在哪裡？
撲通
但牠們的視力不太好。
啊！這應該就是蝌蚪吧！
一口咬下!!
不管什麼東西，都是先吃再說。
啊啊啊！
你吃到我的手了啦！
唉，算了……
反正還會再長出來。
真的沒關係嗎……？
紅腹蠑螈的四肢就算斷了，也只要一～兩個月就能長回來。

事件16

蝎蟻蛹綁架事件

綁架孩童？
牠們帶走了幼蟲和蛹，似乎並不是想當成食物。

受害者檔案

名　稱	日本山蟻
住　處	草原、人類的住宅區
大　小	體長約5公釐（成蟲）
備　註	喜歡的食物是昆蟲屍體及花蜜。

案發現場狀況

日本山蟻的巢穴裡突然闖進了另一種螞蟻。牠們叼走了許多幼蟲和蛹，不曉得跑到哪裡去了。

犯人是武士蟻！

牠們帶走幼蟲和蛹，是爲了當成奴隸使喚！

我出去找食物了！
很好，快去吧！

我肚子餓了！給我軟一點的食物！
請稍等，我馬上把食物咬軟！

武士蟻是會捕捉奴隸的螞蟻。有時武士蟻的蟻后會單獨潛入日本山蟻之類其他螞蟻的巢穴，殺死巢穴中的蟻后，然後偽裝成蟻后。不僅把巢穴占為己有，還把巢穴裡的日本山蟻當成奴隸使喚。

如果當作奴隸的日本山蟻死太多，數量不夠了，武士蟻會在炎熱的下午，前往其他日本山蟻的巢穴裡擄走幼蟲和蛹。

得好好照顧孩子們才行……
擦亮擦亮
差不多該出門工作（捕捉奴隸）去了……

武士蟻的蟻后將其他巢穴的蟻后殺死之後，會將死去蟻后的體液塗在自己身上，僞裝成那位蟻后。

打掃乾淨一點！
是！遵命！

凶手檔案

名　稱	武士蟻
住　處	草地或沙石地
大　小	體長約5公釐（成蟲）
備　註	武士蟻離開巢穴的唯一目的，就只有襲擊其他螞蟻的巢穴。

武士蟻能做的事

你們把其他種類的螞蟻當成奴隸使喚……不覺得太殘忍了嗎？
這我也沒有辦法！
每個人都有擅長和不擅長的事情嘛！
我們不擅長打掃巢穴……
不知道該怎麼在外頭尋找食物……
沒辦法照顧自己的蟻后……
甚至沒辦法處理自己要吃的食物……
那你們擅長什麼事？
掠奪！
蛹
有綁匪！
奴隸不夠就去外面抓！
你們就只會這件事!?

事件17

蝸牛變色事件

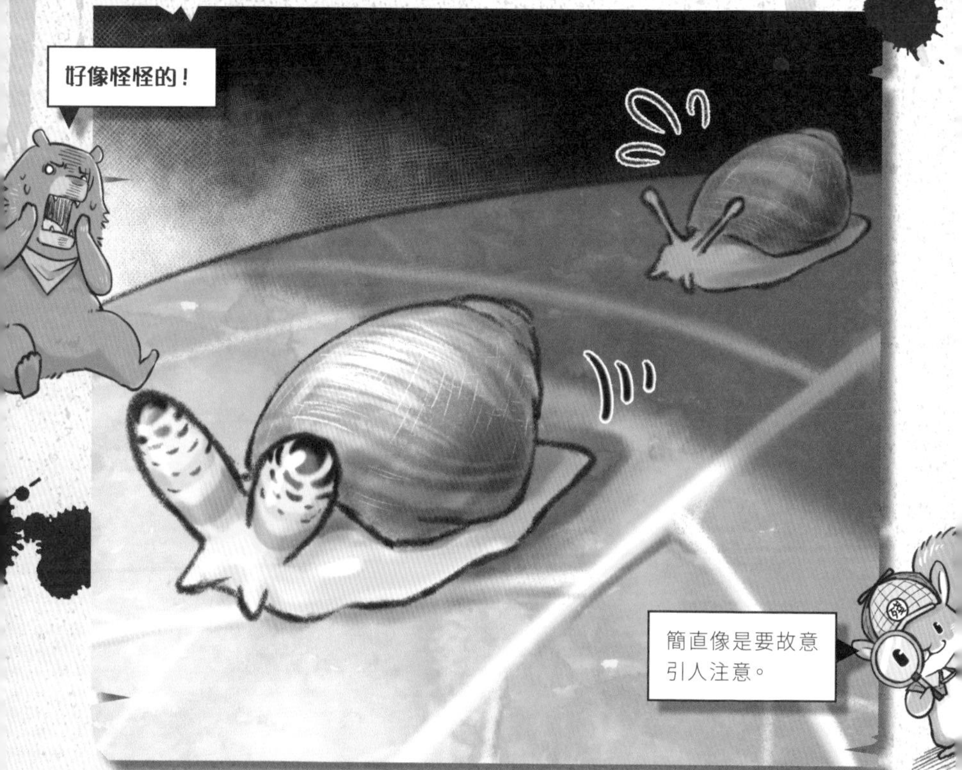
好像怪怪的！
簡直像是要故意
引人注意。

案發現場狀況

蝸牛（錐實蝸牛）的觸角變成了橙色或綠色，而且變得喜歡待在過去最討厭的明亮處。

這到底是怎麼一回事？

受害者檔案

名　稱	錐實蝸牛
住　處	喜歡潮溼陰暗的地方。
大　小	殼高約2.5公分
備　註	食物是落葉、水藻及動物的屍骸。

主謀是彩蚴吸蟲！

牠寄生在蝸牛身上，操控蝸牛的行動！

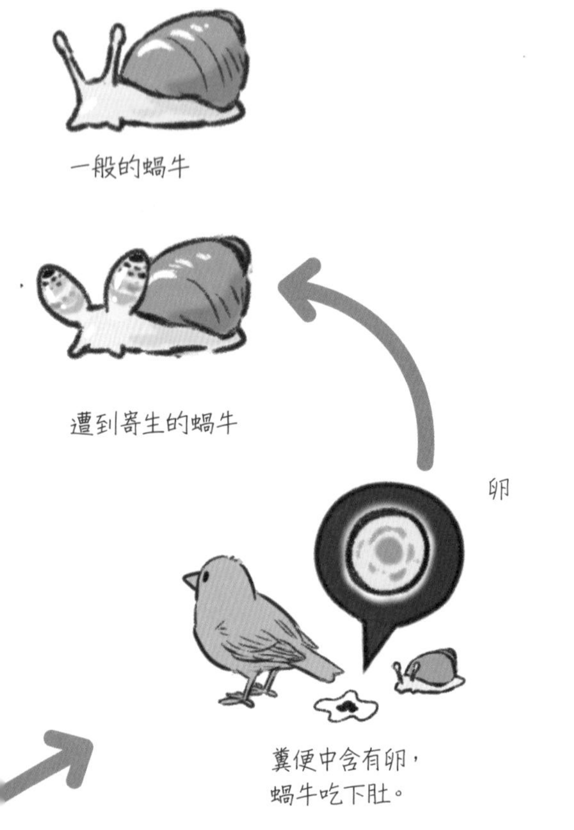
一般的蝸牛
遭到寄生的蝸牛
卵
糞便中含有卵，
蝸牛吃下肚。

彩蚴（ㄧㄡˇ）吸蟲是一種寄生蟲。蝸牛一旦遭到寄生，觸角就會變成橙色或綠色，而且變得喜歡待在明亮處。事實上彩蚴吸蟲這麼做，是為了讓鳥類容易發現蝸牛。一旦鳥類吃了被寄生的蝸牛，彩蚴吸蟲就可以進入鳥類體內產卵。這些卵會隨著鳥糞一起排出體外。當蝸牛吃了鳥糞，彩蚴吸蟲又會寄生在蝸牛身上……就這麼不斷的循環。

同一隻彩蚴吸蟲，
會前後寄生在蝸牛
與鳥類的體內。

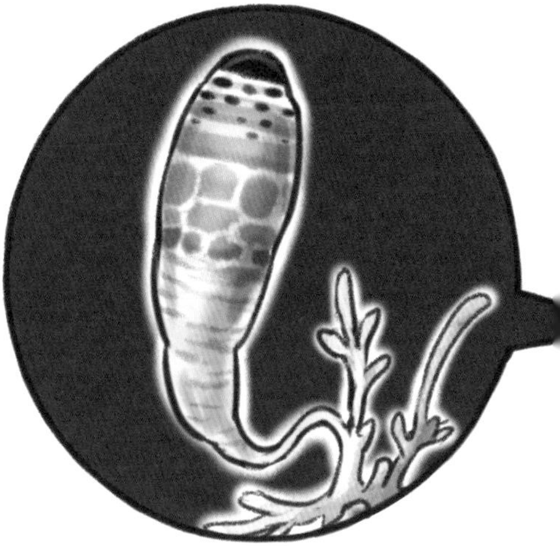

成蟲

鳥吃下肚，
在鳥的體內成長。

凶手檔案

名　稱	彩蚴吸蟲
住　處	蝸牛及鳥類的體內
大　小	體長約1公釐
備　註	會在鳥類的直腸裡產卵，卵隨著鳥糞一起排出。

幕後藏鏡人躲在哪裡？

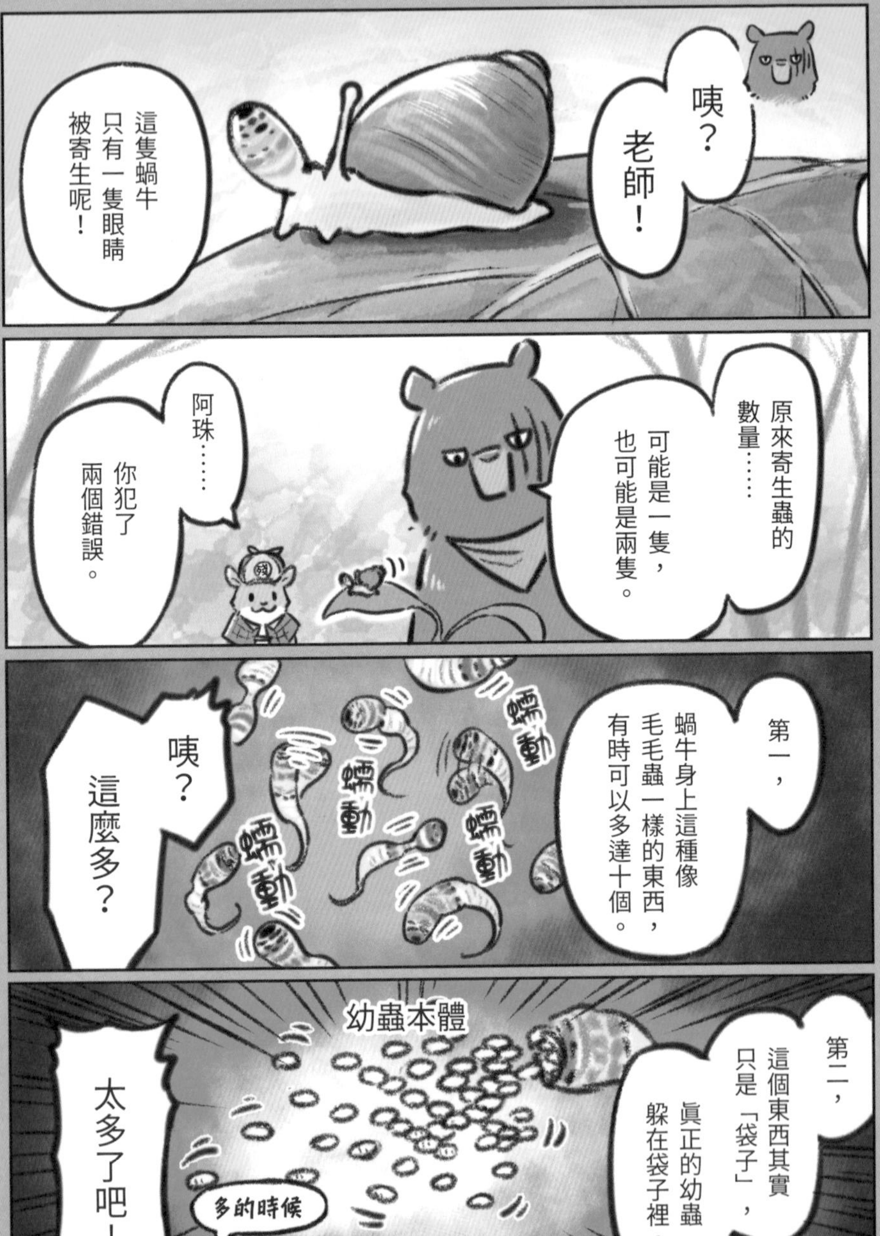
咦？老師！
這隻蝸牛只有一隻眼睛被寄生呢！
原來寄生蟲的數量……可能是一隻，也可能是兩隻。
阿珠……你犯了兩個錯誤。
第一，蝸牛身上這種像毛毛蟲一樣的東西，有時可以多達十個。
蠕動
蠕動
蠕動
蠕動
咦？這麼多？
第二，這個東西其實只是「袋子」，眞正的幼蟲躲在袋子裡。
幼蟲本體
多的時候
每個袋子能有一百隻以上
太多了吧！

事件18

櫻花樹枯死事件

太慘了！
掉下許多鮮紅色的木屑。

受害者檔案

名　稱	染井吉野櫻
住　處	公園或河堤邊
大　小	高約10公尺
備　註	每一棵染井吉野櫻的DNA都完全相同，簡直像複製人一樣。

案發現場狀況

每年都開出美麗花朵的櫻花樹（染井吉野櫻），不知為何竟然枯死了，而且樹幹上還有許多小洞。

凶手就是天牛！

牠吃光樹幹內部，害櫻花樹枯萎了！

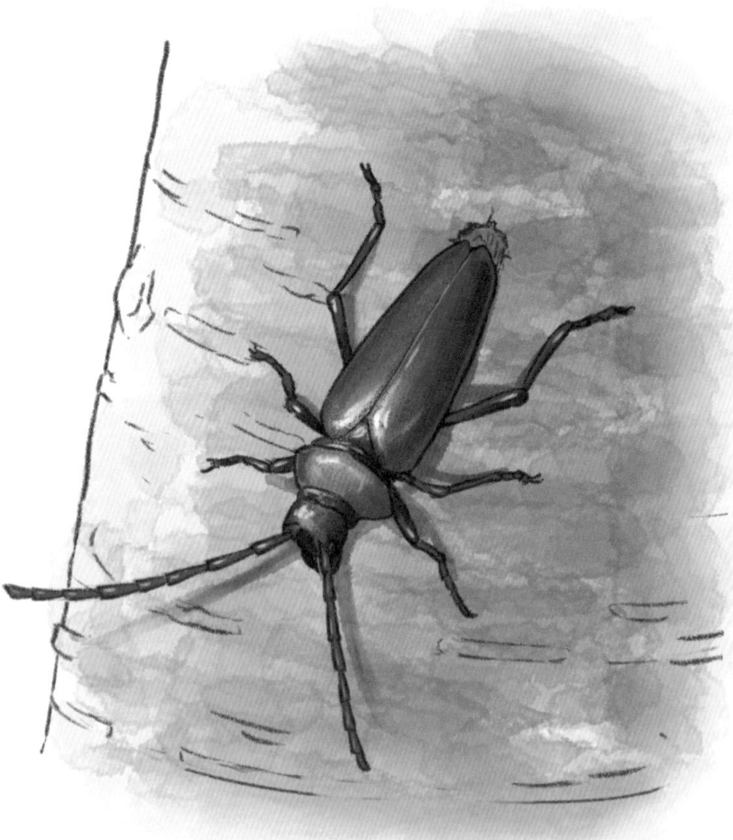

桃紅頸天牛的幼蟲會躲在櫻花樹、桃樹之類樹種的內部啃食樹幹。一邊啃食，還會一邊排便。牠們所排放的糞便稱作「蛀屑」，形狀看起來像絞肉，是木屑與糞便的混合物。這些蛀屑會堆積在樹下，因此一棵樹有沒有遭天牛幼蟲侵害，一眼就看得出來。

桃紅頸天牛一次可以產下數百顆卵，孵化出來的幼蟲會在櫻花樹的內部不斷啃食，導致樹幹上到處都是孔洞，嚴重者可能整棵樹都會枯死。

蛀屑

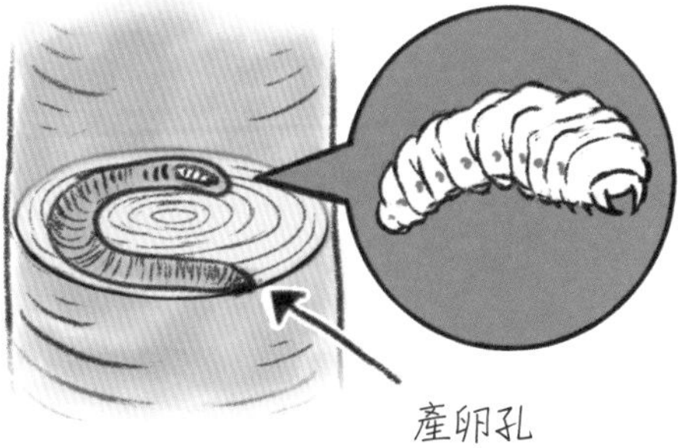

產卵孔

凶手檔案

名　稱	桃紅頸天牛
住　處	櫻花樹、桃樹等
大　小	體長約3公分
備　註	這是外來種，日本原本並沒有這種天牛。

桃紅頸天牛是在二〇一二年之後才開始出現在日本，其後迅速擴散至日本全境。

桃紅頸天牛防衛戰線

啊！
那棵樹的樹下也有好多木屑！
放心吧！這個是……
是我做的！
啄木鳥！
那是我挖洞留下的木屑。
大斑啄木
太好了！
幸好那些國外來的天牛還沒有入侵這一片樹林……
最近這一帶多了許多很美味的毛毛蟲呢！
就是這個！
!?
じ

事件19

芫菁流血而死事件

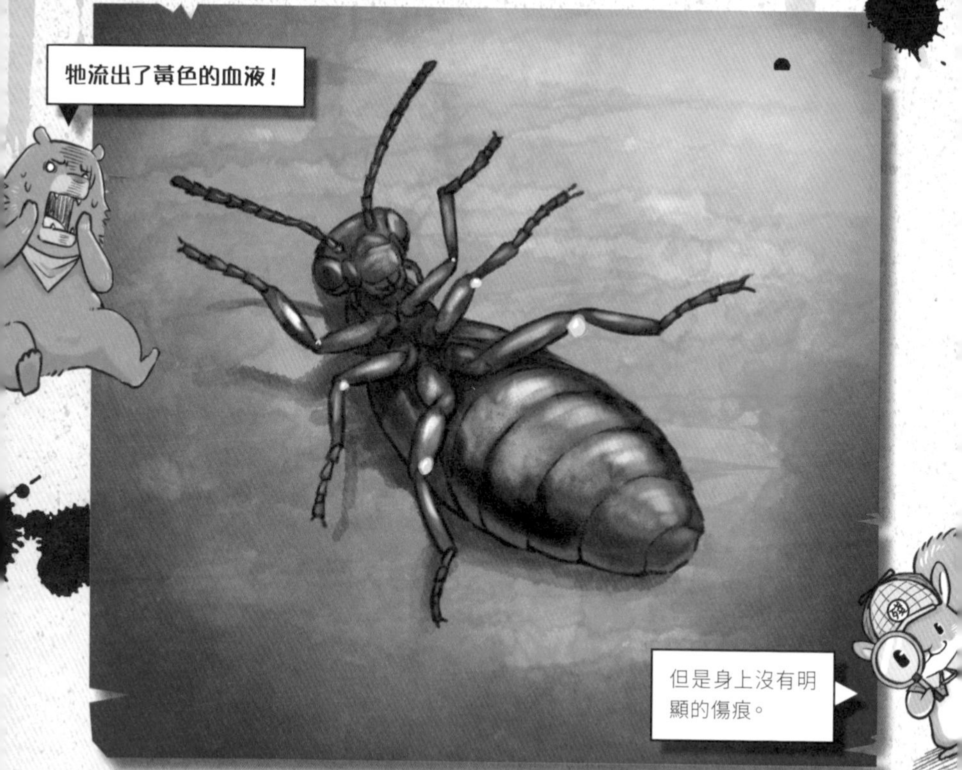
牠流出了黃色的血液！
但是身上沒有明顯的傷痕。

受害者檔案

名　稱	芫菁
住　處	山區或公園
大　小	體長約3公分
備　註	幼蟲會寄生在蜜蜂的蜂窩裡。

案發現場狀況

一隻芫菁（ㄩㄢˊ ㄐㄧㄥ）四腳朝天，身上流出黃色液體，就算靠近牠也沒有任何反應。

芫菁只是假裝死掉而已！
牠把身體翻過來，是爲了用有毒的黃色液體攻擊敵人！

芫菁是有著大肚子的昆蟲，平常就可以看見牠在地上爬來爬去。

芫菁一旦遭受敵人攻擊，就會假裝死掉，並且從身體的關節分泌出黃色體液。這種黃色體液含有名為「斑蝥（ㄇㄠˊ）素」的毒素，皮膚接觸到會起水泡，千萬不要隨意觸摸。

等到敵人離開了，芫菁就會翻起身來逃走。動物界真的是什麼樣的禦敵方式都有呢。

各種會裝死的昆蟲

瓢蟲　　叩頭蟲　　象鼻蟲

其他會裝死的昆蟲
還有瓢蟲、叩頭蟲、
象鼻蟲等等。

幸好這次不是什麼
殘酷的事件……

感覺到危險，先裝死再說

原來昆蟲界裡也有像我這麼膽小的生物。
下次遇上了，或許可以交個朋友！
啊！有一隻芫菁！
唰！
午安～
※芫菁眼中的阿珠。

事件20

蜻蜓全身長刺而死事件

屍體竟然就這麼掛在樹枝上！
全身關節處長出了許多細細長長的東西。

受害者檔案

名　稱	日本晏蜓
住　處	平原及較矮的山區
大　小	體長約7公分
備　註	年輕成蟲的眼睛爲茶褐色，長大之後會變成綠色。

案發現場狀況

蜻蜓（日本晏蜓）停在樹枝上，竟然就這麼死了，身上長出許多細長的尖刺。

死因是遭真菌感染！

蜻蜓的整個身體都變成蕈菇了！

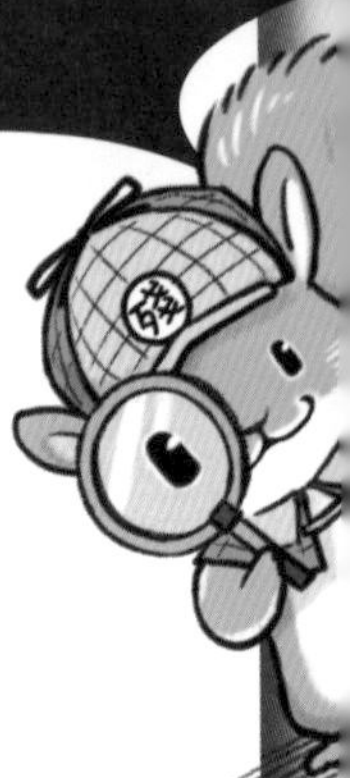

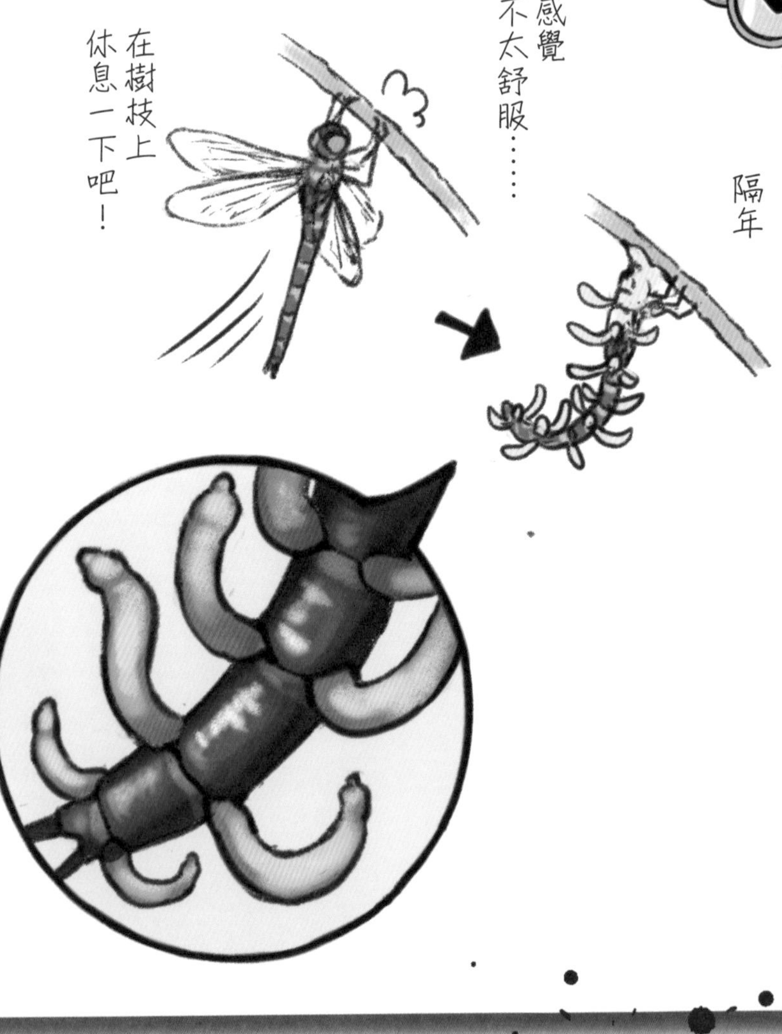
在樹枝上休息一下吧！
感覺不太舒服……
隔年

　寄生在昆蟲身上的蕈菇類真菌，統稱為「冬蟲夏草」。

　會有這樣的名稱，是因為從前的人認為這種生物「在冬天明明是一隻昆蟲，到了夏天卻會變成一株草」。實際上它既不是昆蟲也不是草，而是蕈菇類真菌。

　蜻蜓感染之後，身體會越來越衰弱。可能停在樹枝上，就這麼死了，過了一段日子，身體開始長出蕈菇，就成了一株「蜻蜓菇」。

其他種類的冬蟲夏草

凶手檔案

名　稱	冬蟲夏草（蜻蜓菇）
住　處	潮溼的地方
大　小	依種類有極大差異
備　註	如果是紅色，稱作「朱色蜻蜓菇」。

冬蟲夏草除了蜻蜓菇之外，還有椿象菇、蟬菇、蟻菇等等，總數多達四百種以上。

蕈菇會散播孢子

話說回來……
蜻蜓飛得那麼快，
怎麼會被寄生？
冬蟲夏草是一種蕈菇，
會散播孢子到空氣中。
雖然看不見，
但是它正在不斷釋放出孢子。
放大圖
孢子
噢……
雖然變成蕈菇的蜻蜓很可憐……
但至少我們找出原因了。
發現者
是啊……
現在我完全理解了……
哇！這是什麼？
一直盯著看
哇！好噁心！
難怪我最近覺得身體不太舒服！
蜻蜓哥！

事件21

瓢蟲寄生事件

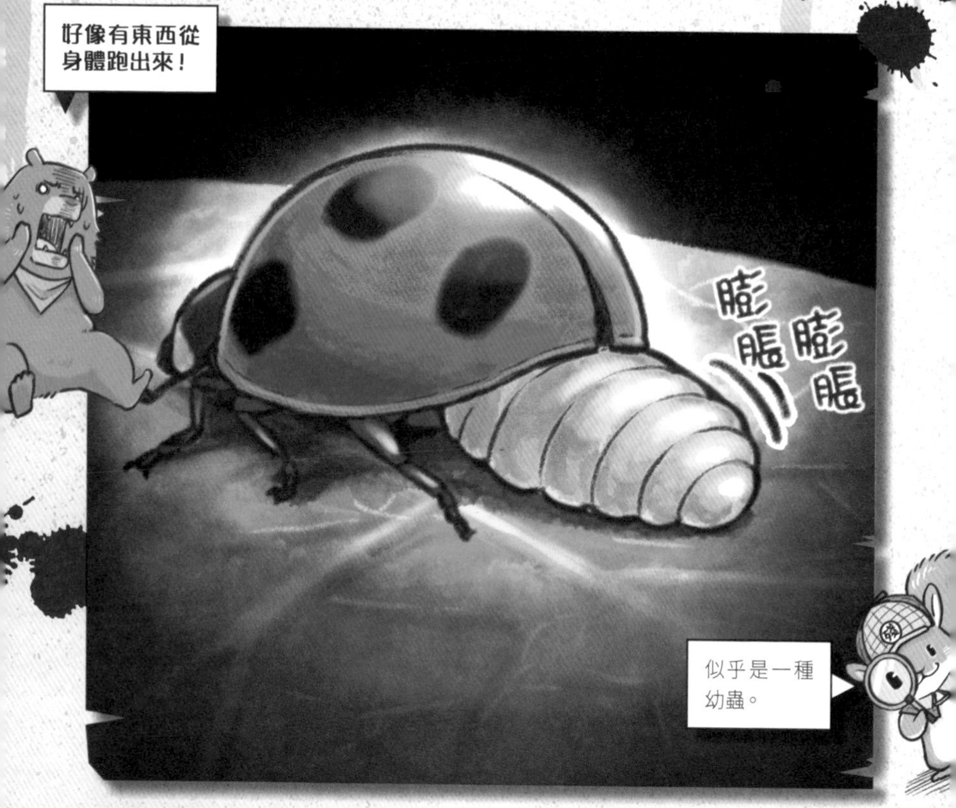
好像有東西從身體跑出來！
膨脹膨脹
似乎是一種幼蟲。

案發現場狀況

瓢蟲的身體跑出了奇怪的東西，但是瓢蟲好像沒有死。

受害者檔案

名　稱	瓢蟲
住　處	森林
大　小	體長約7公釐
備　註	幼蟲到成蟲都是以蚜蟲爲食物。

凶手是瓢蟲繭蜂！
寄生在瓢蟲身體裡的幼蟲鑽了出來！

瓢蟲繭蜂是一種專門寄生在瓢蟲身上的蜂類。牠會把卵注入瓢蟲體內，幼蟲在瓢蟲的身體裡吸食瓢蟲體液長大。一段日子之後，幼蟲會咬破瓢蟲的肚子，跑到外面結繭。

瓢蟲遭到寄生的同時，也會受到洗腦，因此會主動保護繭，讓幼蟲平安羽化。

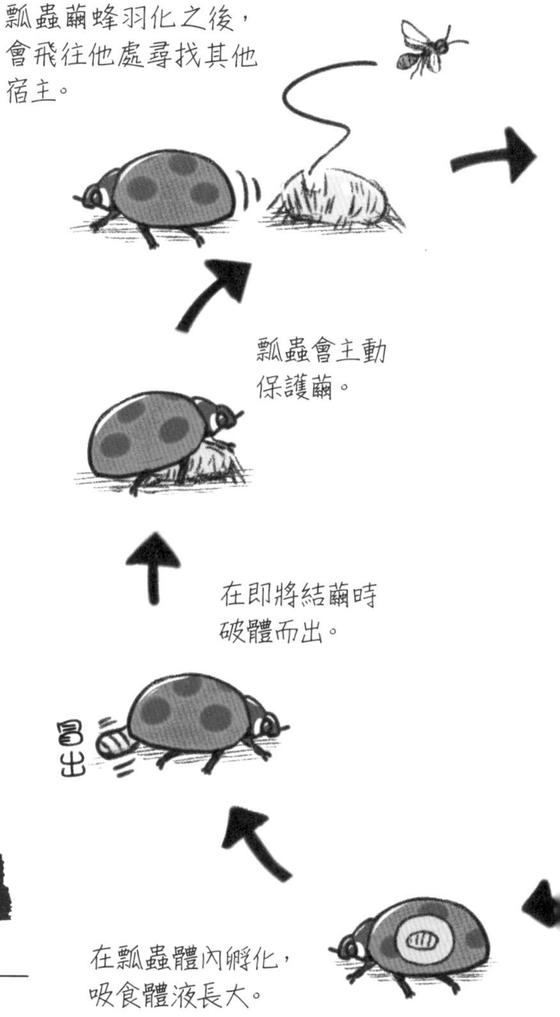
在瓢蟲體內孵化，吸食體液長大。
冒出
在即將結繭時破體而出。
瓢蟲會主動保護繭。
瓢蟲繭蜂羽化之後，會飛往他處尋找其他宿主。

瓢蟲會以身體保護繭，甚至完全不進食。

凶手檔案

名　稱	瓢蟲繭蜂
住　處	幼蟲生活在瓢蟲體內，成蟲生活在森林裡。
大　小	體長約3公釐
備　註	繭蜂類昆蟲光是在日本就有三百種以上。

三成以上遭寄生後還是能活下去

事件22

樹葉冒泡泡事件

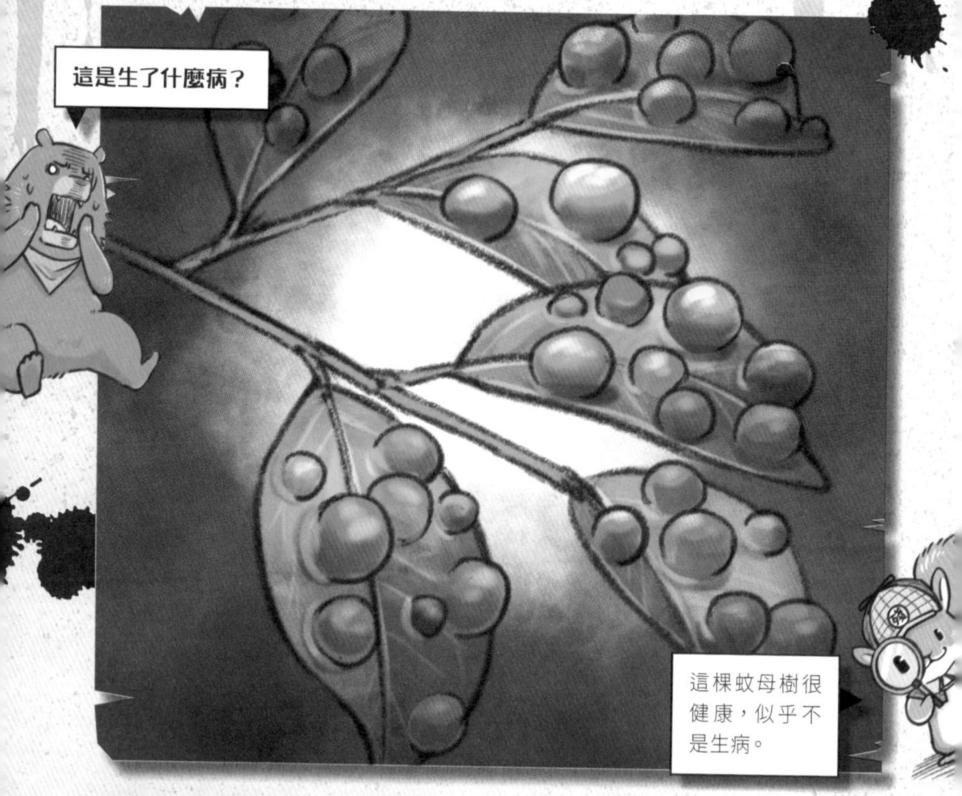
這是生了什麼病？
這棵蚊母樹很健康，似乎不是生病。

案發現場狀況

這棵蚊母樹的葉子上冒出了很多紅色的泡泡。周圍的蚊母樹也都有類似的症狀。

受害者檔案

名　稱	蚊母樹
住　處	低窪地區
大　小	高約10公尺
備　註	樹皮的顏色偏紅。

主謀是蚜蟲！

牠們讓葉子變形，作爲幼蟲的住處！

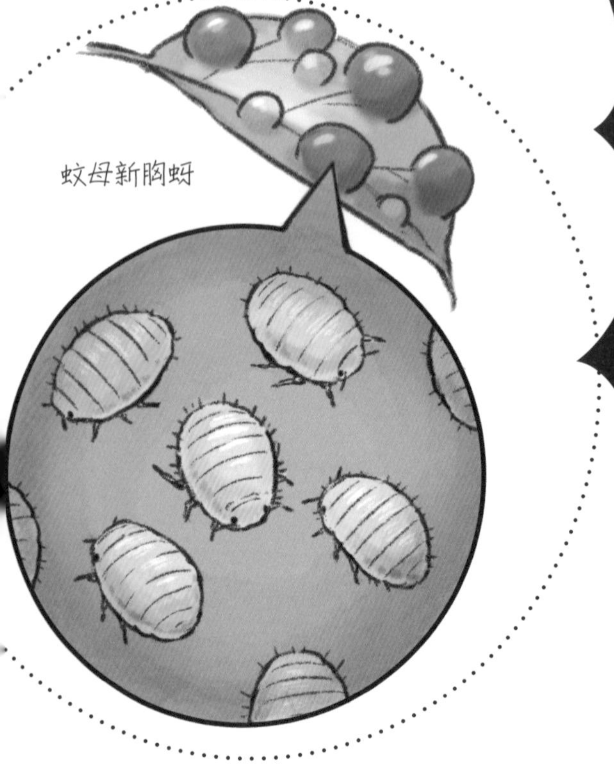

許多蚊母樹的葉片上都有這種紅色泡泡，稱作「蟲癭（ㄧㄥˇ）」，是蚜蟲的巢穴，裡頭居住著數百到上千隻的蚜蟲。

蚜蟲的幼蟲能夠刺激蚊母樹的葉片，使其變形，產生蟲癭。蚜蟲居住在蟲癭裡，不僅能躲避天敵，還可以吸取植物汁液，所以數量越來越多。

蚊母樹上
特別容易出現蟲癭。

蚊母枝小癭

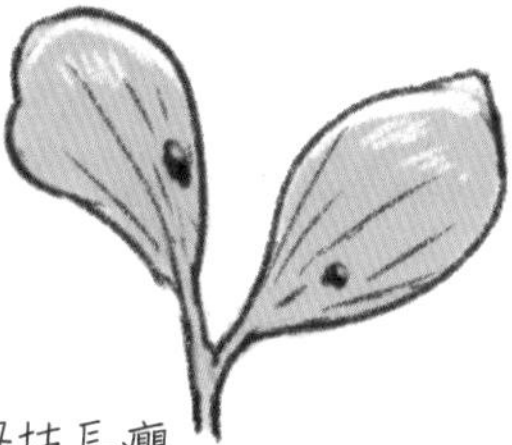

蚊母枝長癭

蚊母枝茶大癭

凶手檔案

許多昆蟲都會製造蟲癭，並不是只有蚜蟲而已。

名　稱	蚜蟲類昆蟲
住　處	植物上
大　小	體長約2公釐
備　註	光是在日本就有七百種以上。

蟲癭的意外用途

蟲癭的上頭有一個洞，
有蟲子爬出來的痕跡……
可以當成笛子來吹。
吹出來的聲音類似「颼颼颼」。
所以蚊母樹在日本又稱作「颼颼樹」。
乍看之下毫無用處的蟲癭，竟然可以當成笛子來吹奏，古人的想像力眞是太豐富了。
颼颼颼～
沒錯，眞有想像力！
偵探與助理度過了和平的一天。
颼颼颼～♪
※有些蟲癭裡頭可能有蚜蟲的殘骸，吹的時候要特別注意。

事件23

日本大龍蝨溺斃事件

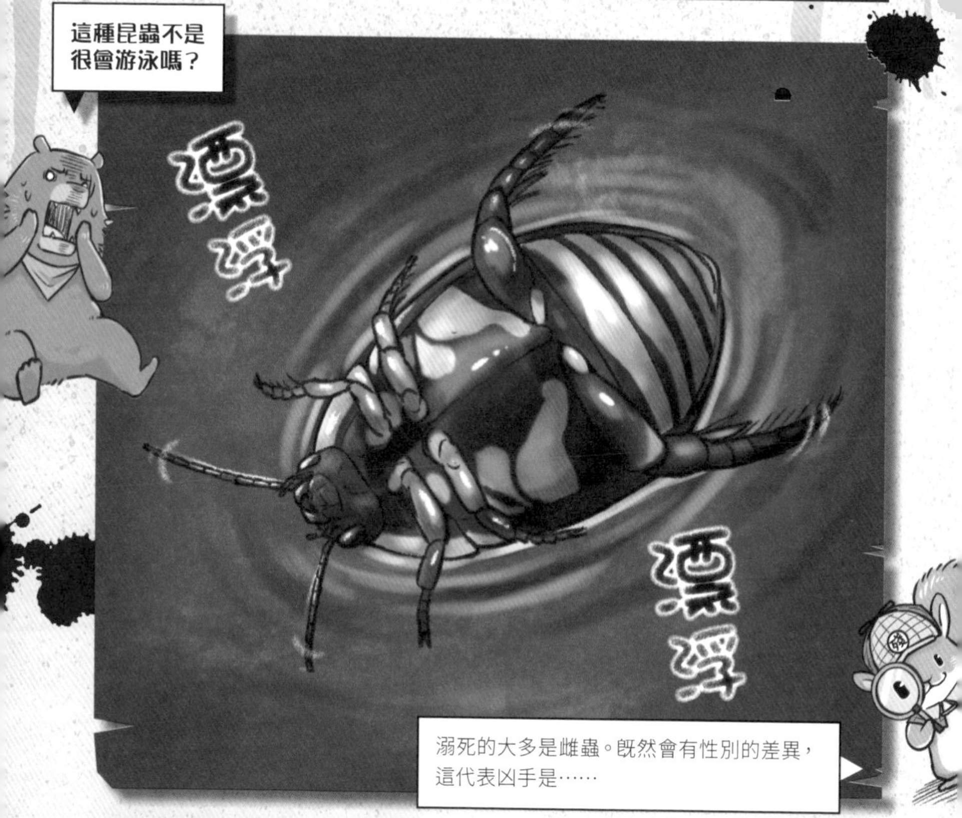
這種昆蟲不是很會游泳嗎？
漂浮
漂浮
溺死的大多是雌蟲。既然會有性別的差異，這代表凶手是……

受害者檔案

名　稱	日本大龍蝨
住　處	水邊
大　小	體長約4公分
備　註	近年來數量大幅減少，已被列爲瀕臨絕種生物。

案發現場狀況

許多雌日本大龍蝨溺死在水中。

凶手是雄日本大龍蝨！

雄蟲在交配過程中，害雌蟲溺死！

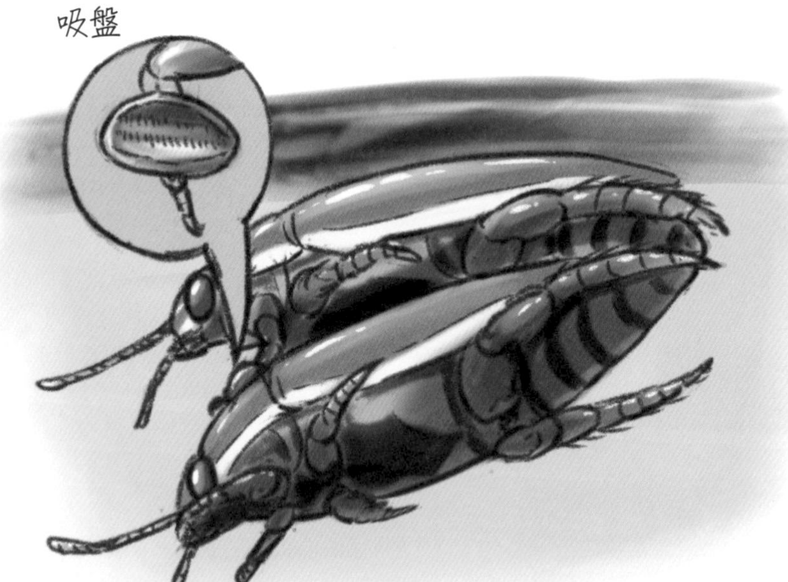

日本大龍蝨雖然是水生昆蟲，但在交配過程中，雌蟲可能會在水裡溺死。

雄大龍蝨的前腳有吸盤，交配的時候會緊緊抓住雌蟲。但是這麼一來，在雄蟲離開之前，雌蟲會一直被壓在水面下。

大龍蝨的呼吸方式是將屁股抬出水面呼吸，雌大龍蝨在交配過程中無法抬起屁股，所以可能會在水裡溺死。

空氣

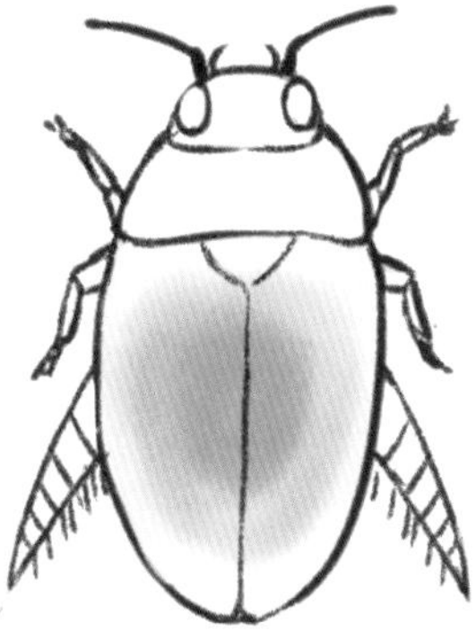

小型的龍蝨也常有氣泡黏在屁股上。

聽說大龍蝨會將空氣囤積在翅膀與腹部之間呢。

雌蟲看見雄蟲常常會逃走

事件24

螞蟻斷頭事件

腦袋突然掉下來了?!
殘
腦袋會掉下來，一定有某種原因。

受害者檔案

名　稱	螞蟻
住　處	草叢、人類的住宅區
大　小	體長約5公釐
備　註	螞蟻和蜜蜂算是親戚。

案發現場狀況

這次的受害者又是螞蟻。有一隻螞蟻的腦袋突然掉了下來，周圍的同伴都大吃一驚。

凶手是寄生蚤蠅！

牠寄生在螞蟻體內，讓螞蟻的腦袋掉了下來！

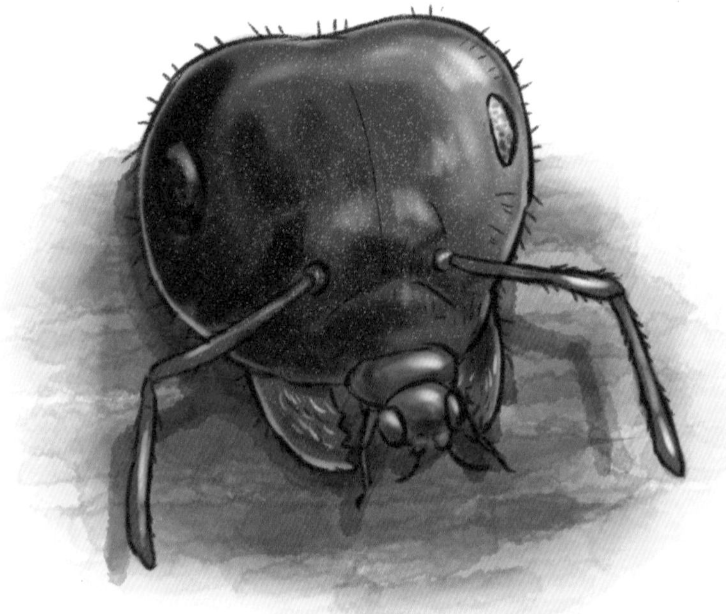

寄生蚤蠅是一種能夠寄生在螞蟻體內的蒼蠅。當蚤蠅卵在螞蟻的體內孵化，幼蟲就會慢慢往螞蟻的頭部移動，一邊啃食螞蟻的體內組織一邊成長。當蚤蠅的幼蟲即將化蛹的時候，螞蟻的頭部就會掉下來。

蚤蠅幼蟲會繼續留在螞蟻的頭部化蛹，成蟲之後從螞蟻的嘴巴鑽出來。

成蟲
刺
入

寄生蚤蠅產卵的速度非常快，只要一秒鐘就可以在螞蟻身上產卵。

凶手檔案

名　稱	寄生蚤蠅
住　處	棲息地目前尚不清楚。
大　小	體長約1.5公釐
備　註	生態還有許多不明之處尚待釐清。

各種好蟻生物

蟻蟋

居住在螞蟻巢穴內的蟋蟀。
生活周遭常可看見。牠會僞裝成螞蟻，讓螞蟻以嘴對嘴的方式傳遞食物給牠。

螞蟻是四處都看得到的昆蟲，
所以有許多生物都與螞蟻建立起了奇妙的關係。

隱翅蟲

甲蟲的一種。正如其名，平常會把翅膀摺疊起來，因此從外觀幾乎看不到翅膀。牠們經常偷吃螞蟻的食物。

巢穴蚜蠅

幼蟲時期有著半圓形的奇妙外觀。
牠會待在螞蟻的巢穴裡，以緩慢的動作吃掉螞蟻的幼蟲及蛹。

幼蟲
成蟲

蚜蟲

有些生活在螞蟻的巢穴裡，有些則在巢外。螞蟻喜歡吃牠們分泌出的體蜜，蚜蟲則靠螞蟻協助抵禦外敵。

黑灰蝶

幼蟲時期會任由螞蟻把自己搬到螞蟻巢穴中。黑灰蝶的幼蟲會吃螞蟻提供的食物，螞蟻則吃幼蟲分泌出的體蜜。

成蟲
幼蟲

這些昆蟲因爲與螞蟻有著緊密的關係，因此被稱爲「好蟻生物」。
像這樣的好蟻生物，全世界有數千種。
受到所有人喜愛的昆蟲
螞蟻
這麼說來，螞蟻在生態系裡相當重要呢！

涼爽的季節

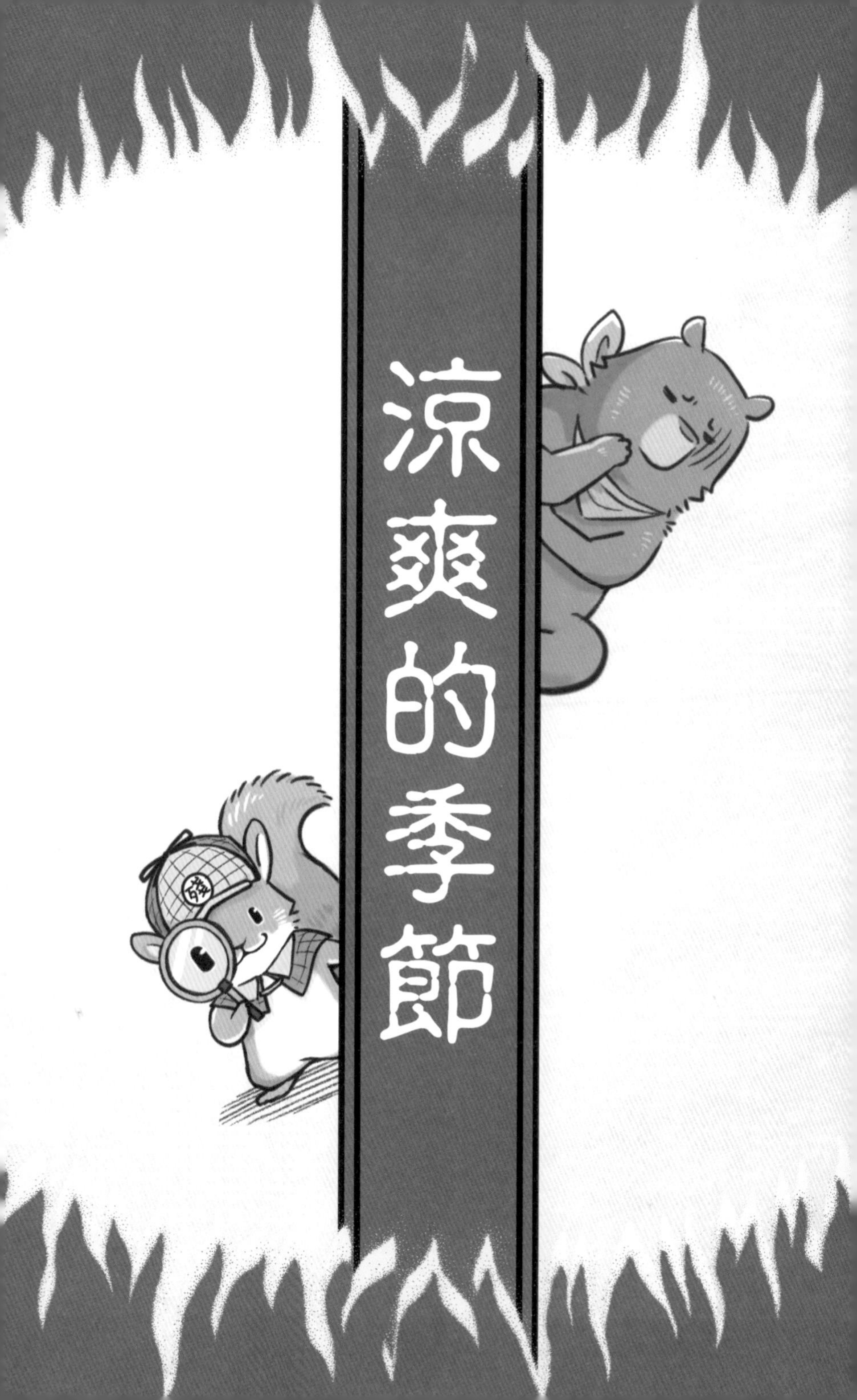

第三個冬天
嘎嘎！嘎嘎！嘎嘎！
秋天來了……
阿珠！寫什麼這麼認真？
夏天發生了好多案子，我得寫下來免得忘記了。
NOTE
NOTE
No35
秋天一過，冬天就來了……這是你來到這裡的第三個冬天。
日子過得真快……

雖然我還是很害怕殘酷的事情……
NOTE
No.
但是對於這個世界，
蕈蚋
體長只有數公釐的小蒼蠅，會被蕈菇類香氣吸引。
雌花
讓蕈蚋無法逃出去的結構
細齒天南星花朵分成雄花及雌花
沒有洞
蕈蚋進來之後就再也出不去了
這麼做是為了授粉
我似乎已經有點了解了。
當然，和老師比起來，我還差得遠呢。
沒那回事。
你的資質很好，一定馬上就學會了。
重點是不能因爲害怕而避開視線。
殘酷案子的背後……
永遠隱藏著真相。
咚咚！
啊……有客人來了。

本來以為天氣冷了，世間應該會安分一點……
看來一定是又有新案子了。
努力活下去的行為是全年無休的。
來了～♪
啊啊啊啊！
NOTE N°35
NOTE
看來他快要畢業了。

事件25

蠑螈串事件

啊啊啊！
簡直像是拜拜的供品……

案發現場狀況

蠑螈（紅腹蠑螈）的身體被荊棘的刺給刺穿了。除了蠑螈之外，受害者還有蝗蟲及小型烏龜。

受害者檔案

名　稱	紅腹蠑螈
住　處	靠近水的地方
大　小	全長約10公分
備　註	腹部呈現紅色，帶有毒性。

這起案子的凶手是紅頭伯勞！

牠把獵物串起來，當成備用糧食！

紅頭伯勞是非常擅長狩獵的鳥類。牠會把捕捉到的獵物串在尖銳的樹枝或尖刺上，看起來簡直像是「獻給神明的貢品」。

但是紅頭伯勞這麼做，當然不是真的想要把食物獻給神明。目前學界還無法肯定這麼做的真正用意。有學者認為紅頭伯勞是想把食物留到繁殖期，用來補充營養。有學者認為是藉由穿刺獵物來宣示自己的地盤。還有學者認為牠只是把尖刺當成叉子，方便撕開獵物大快朵頤。

繁殖期吃了有營養的食物，唱歌就會更好聽，更能吸引異性注意。

凶手檔案

名　稱	紅頭伯勞
住　處	低窪地區至較矮的山區
大　小	全長約20公分
備　註	日本人傳說紅頭伯勞會模仿其他鳥類的叫聲，所以稱牠爲「百舌」。

全部都串起來

啊啊！
怵目驚心～
蠑螈哥被串起來了！
眞是太殘忍了！
哼！
森樹蛙
蠑螈吃了我的孩子，這下遭到報應了吧！
紅頭伯勞！謝謝你！
你幫我報仇了！
怵目驚心～
森樹蛙哥！

事件26

螳螂跳水自殺事件

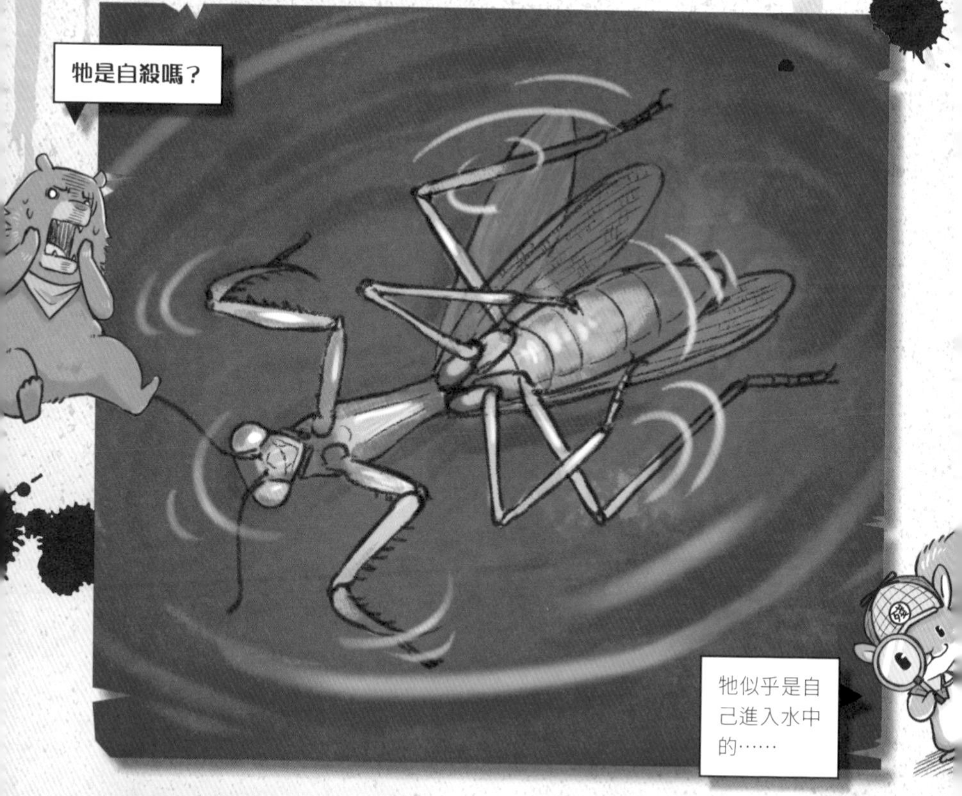
牠是自殺嗎？
牠似乎是自己進入水中的……

受害者檔案

名　稱	寬腹斧螳
住　處	河邊或公園的草叢裡
大　小	體長約7公分
備　註	腹部很寬。

案發現場狀況

某個天氣晴朗的日子，寬腹斧螳被人發現溺死在河裡。有人說牠最近一直怪怪的……。

這起案子的凶手是鐵線蟲！

牠寄生在螳螂身上，命令螳螂跳進水裡！

鐵線蟲是長條形的寄生蟲，通常生活在水中，但是在成長過程中，會有一段時期寄生在螳螂的體內。

剛開始的時候，鐵線蟲的幼蟲會吸取螳螂體內的養分，長大後，鐵線蟲就會操控螳螂的大腦，命令螳螂朝著「閃閃發亮」的地方靠近。

這麼一來，螳螂很有可能會掉進水裡，鐵線蟲就能夠藉此回到水中了。

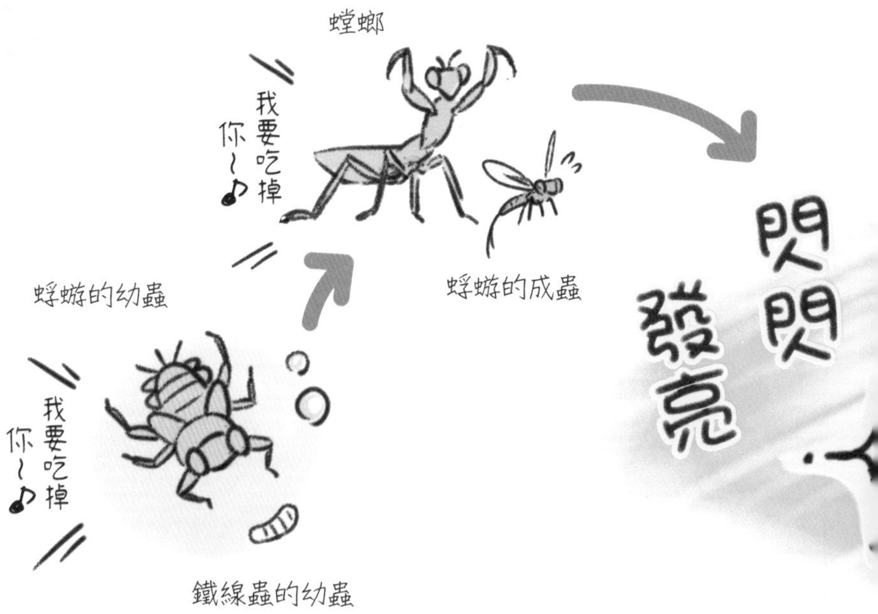
螳螂
我要吃掉你～♪
閃閃發亮
蜉蝣的幼蟲
我要吃掉你～♪
蜉蝣的成蟲
鐵線蟲的幼蟲

鐵線蟲的幼蟲在水裡被蜉蝣的幼蟲吃掉，就一直寄生在蜉蝣的體內。蜉蝣成蟲之後，爬上陸地，被螳螂吃掉，鐵線蟲就進入了螳螂的體內。

凶手檔案

名　稱	鐵線蟲
住　處	昆蟲的體內
大　小	體長約10公分
備　註	討厭魚類及青蛙（可能會在其肚子裡死亡）。

撲通！
閃閃發亮～♪
趁現在離開！

鐵線蟲的失敗案例

咦？
旁邊就是水了……趁現在！
唰唰
唰～
哎呀？
地上掉了一根鐵線！
水……我需要水……
硬化
太早離開螳螂的身體。
很好！這裡是水中了！
慢吞吞
但還是要提高警覺……
慢吞吞
冒出
太晚離開螳螂的身體了。
…

事件27

日本大鯢慘死事件

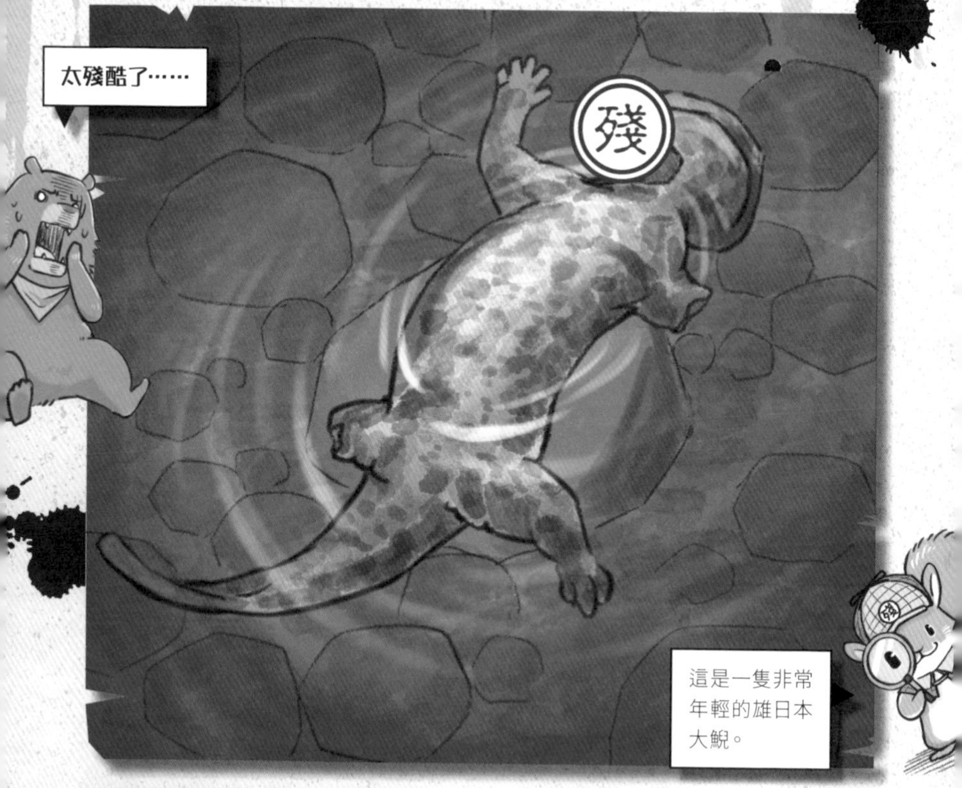
太殘酷了……
殘
這是一隻非常年輕的雄日本大鯢。

受害者檔案

名　稱	日本大鯢
住　處	河流上游
大　小	體長約60公分
備　註	世界上最大的兩棲類動物。

案發現場狀況

住在河裡的雄日本大鯢，被人發現死狀悽慘，不僅腳斷了，脖子上還有非常深的傷口。

凶手是其他的雄日本大鯢！

雙方爲了爭奪巢穴而動了殺意！

日本大鯢要繁殖後代，先決條件是雄鯢必須擁有巢穴。有了巢穴，雌鯢就會進入巢穴內產卵。但是並非所有的雄鯢都能擁有巢穴，畢竟適合當作巢穴的地點相當有限。

沒有巢穴的雄鯢，只好搶奪其他雄鯢的巢穴。已經擁有巢穴的雄鯢通常比較強壯，搶奪者往往鎩羽而歸，有時還會身受重傷，甚至慘遭殺害。

日本大鯢看起來好像沒有牙齒，但其實嘴裡有著很尖的細牙。雄鯢之間的打鬥非常激烈，打鬥後四肢不全的情況是常見的。

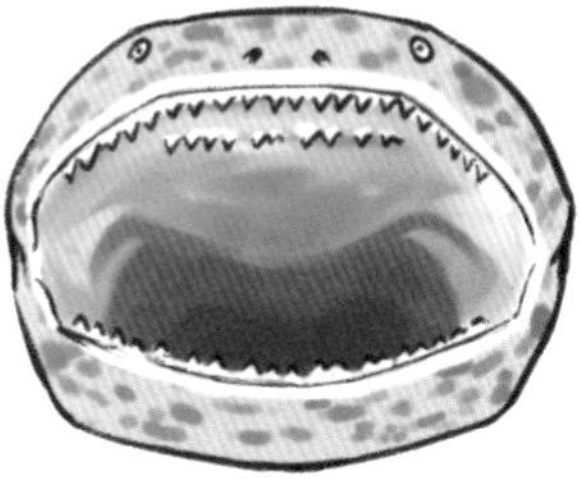

日本大鯢的響亮綽號

日本大鯢在日本有個響亮的綽號，叫作「半切」。
唰！
因爲從前的日本人相信……
小事一樁！
日本大鯢就算從中間切開，也不會死。
※有另一派說法是日本大鯢的嘴巴大到就像頭切開了一半。
哇……好厲害！
事實上……
身體對半切開還是會死的。
不過日本大鯢的生命力確實很強，就算斷了一、兩隻腳也能活下去。
沒關係……
眞是可怕的生命力。

事件28

蜜蜂家闖空門事件

蜜蜂好可憐……
說起會攻擊蜂窩的動物，大家都會想到熊，但這次的凶手並不是熊。

受害者檔案

名　稱	西方蜜蜂
住　處	有著大量植物的地方
大　小	體長約1.4公分
備　註	原本是生活在歐洲及非洲的蜜蜂。

案發現場狀況

剛築好蜂窩的蜜蜂（西方蜜蜂）一家遭到襲擊，蜂窩裡的幼蟲及蛹都不見了。

凶手是虎頭蜂！

牠搶走蜜蜂的蛹和幼蟲當食物！

虎頭蜂（大虎頭蜂）是大自然最強大的生物之一。絕大部分的生物都禁不起虎頭蜂的群體圍攻。虎頭蜂是肉食性昆蟲，蜜蜂的幼蟲是牠們的食物。當發現蜜蜂的蜂窩，虎頭蜂就會邀集數隻同伴一起發動攻擊，以強而有力的下顎咬死蜜蜂。接著將幼蟲及蛹製作成肉丸子，帶回巢穴給孩子吃。

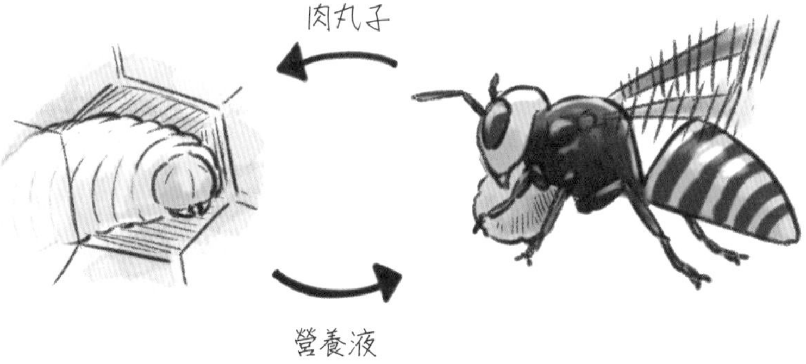

虎頭蜂成蟲的腰很細，食道也很細，沒辦法吃固體食物。因此成蟲是以幼蟲提供的營養液來維持生命。

凶手檔案

名　稱	大虎頭蜂
住　處	樹林裡、人類屋舍的屋簷
大　小	體長約4公分
備　註	會在土中築起巨大的巢穴。

蜜蜂對抗虎頭蜂

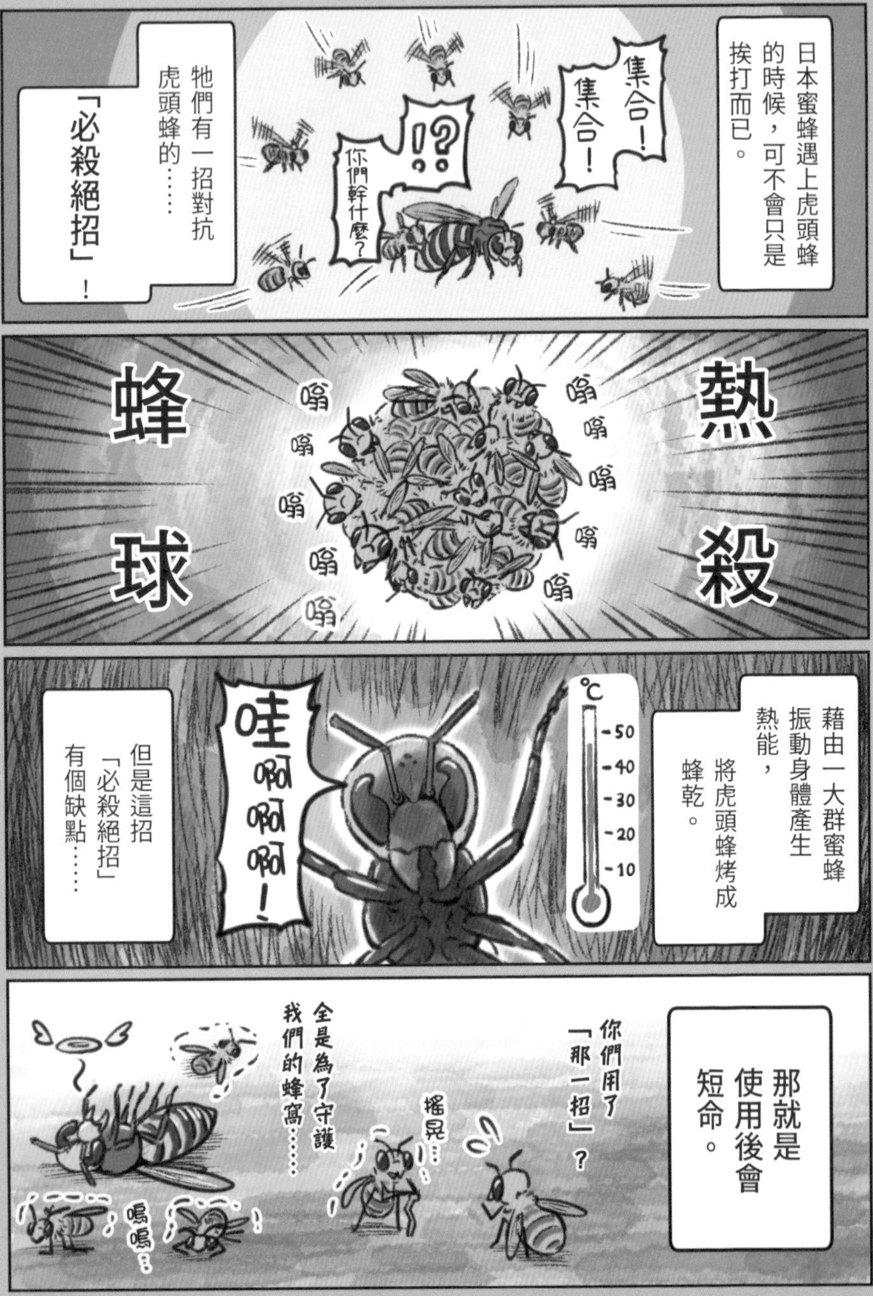
日本蜜蜂遇上虎頭蜂的時候，可不會只是挨打而已。
集合！
集合！
!?
你們幹什麼？
牠們有一招對抗虎頭蜂的……
「必殺絕招」！
熱殺
蜂球
嗡
藉由一大群蜜蜂振動身體產生熱能，將虎頭蜂烤成蜂乾。
℃
50
40
30
20
10
哇啊啊啊！
但是這招「必殺絕招」有個缺點……
那就是使用後會短命。
你們用了「那一招」？
搖晃……
全是為了守護我們的蜂窩……
嗚嗚……

事件29

鮭魚剖腹事件

肚子被割開的
都是雌魚！
殘
案發現場的足跡
……和阿珠的很
像呢。

受害者檔案

名　稱	鮭魚
住　處	平時在海中生活，產卵時會回到河川上游。
大　小	體長約70公分
備　註	因爲英文是salmon，所以有時也被稱作「三文魚」。

案發現場狀況

許多鮭魚陳屍在河岸，腹部遭人剖開。

這起案子的凶手是棕熊！

牠只吃鮭魚肚子裡最有營養的卵！

鮭魚是在河川出生的魚，平時生活在海中，要產卵時才會回到河川。要回到河川產卵，是一件非常危險的事。因為鮭魚產卵的季節是秋天，這時日本北海道的棕熊，正為了冬眠而到處尋找富有營養的食物。當鮭魚在河流中逆流而上，會被棕熊抓住。有時棕熊只吃掉最有營養價值的魚卵，雌魚的其他部位或是雄魚則會直接丟棄不理。

凶手檔案

名　稱	棕熊
住　處	森林
大　小	體長約2公尺
備　註	體型比黑熊更大。

有一派說法是棕熊的腸胃不好，如果吃下整條鮭魚，可能會拉肚子。

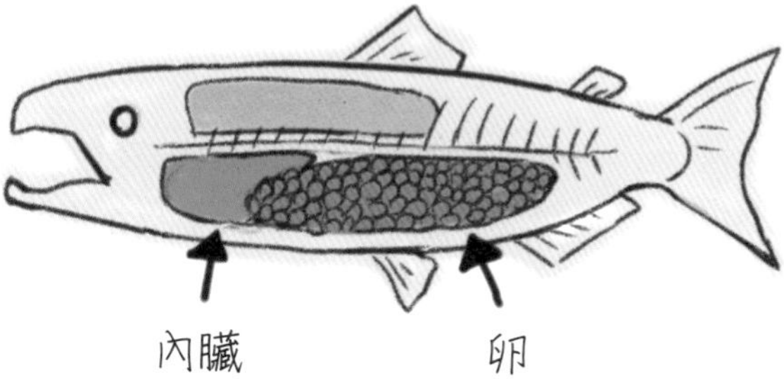

棕熊的意義

雖然說是爲了更有效率的補充營養……
但實在太殘忍了……！
你這麼認爲嗎？
睜開你的眼睛，仔細看清楚吧！
被棕熊撈上來的那些魚……
還是可以成爲其他陸地動物的食物。
換句話說，棕熊是森林與河川……
不……
森林與大海
生態系統的重要維繫者。

事件30

鴿子羽毛散落事件

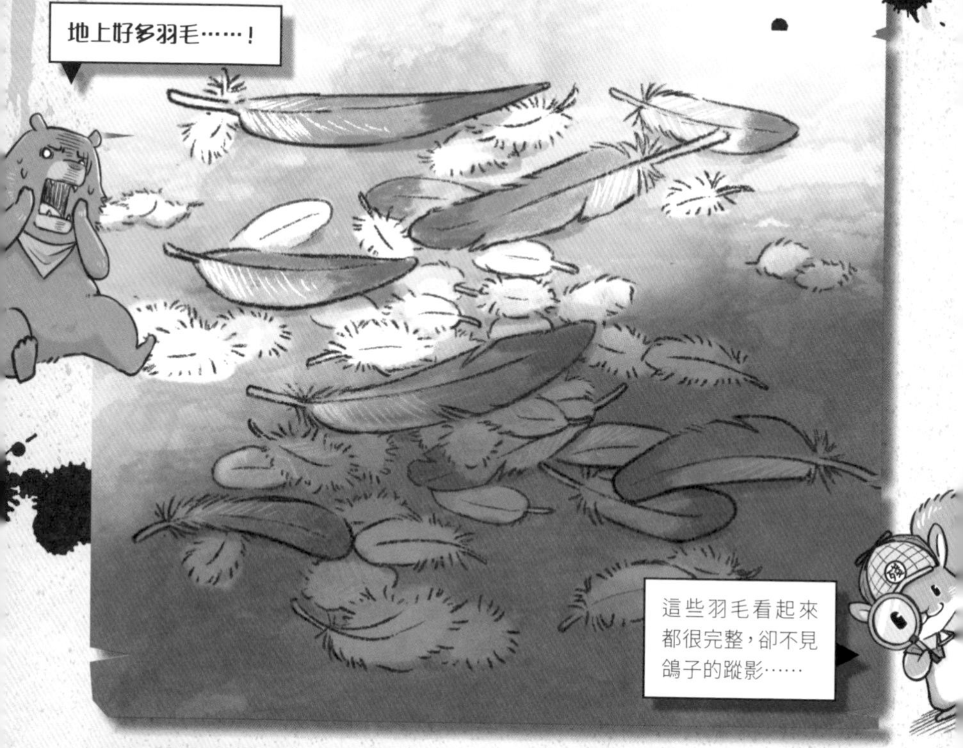
地上好多羽毛……！
這些羽毛看起來都很完整，卻不見鴿子的蹤影……

受害者檔案

名　稱	野鴿
住　處	人類的住宅區
大　小	全長約35公分
備　註	野鴿有著很強的歸巢本能。

案發現場狀況

鴿子（野鴿）的羽毛被一根根完整的拔起，丟得滿地都是，鴿子卻不知道跑到哪裡去了。

凶手是蒼鷹！

吃掉鴿子之前，牠會先把羽毛拔得乾乾淨淨！

「蒼鷹」這個名字的由來，是因為這種老鷹有著略帶藍色的灰色羽毛。蒼鷹是非常擅長狩獵的猛禽，經常在人類的街道上攻擊鴿子。

蒼鷹抓到鴿子的時候，會先移動到安靜的地點，拔光鴿子身上的毛，接著將鴿子屍體帶回巢穴，分給自己的孩子吃。

如果在公園的樹下發現完整的羽毛散落一地，很有可能就是蒼鷹的傑作。

凶手檔案

名　稱	蒼鷹
住　處	平地至山區
大　小	全長約50公分
備　註	飛行時速最快可達130公里。

貓、鼬之類的動物也會攻擊鴿子，但羽毛通常會被折斷或撕裂。只有蒼鷹才會完整的一根根拔掉羽毛。

蒼鷹的獵物

鷹不是也有很多種類嗎？爲什麼老師知道一定是蒼鷹幹的？
鴿羽
每種鷹喜歡捕捉的獵物都不一樣。
蒼鷹特別喜歡捕捉鴿子、灰椋鳥……等中型的鳥類。
鷹科鷹屬的各種鷹
蒼鷹
北雀鷹
日本松雀鷹
小 捕捉的獵物 大
還有小型的哺乳類動物……
抓住
老師！！
例如松鼠。

事件31

螳螂分屍事件

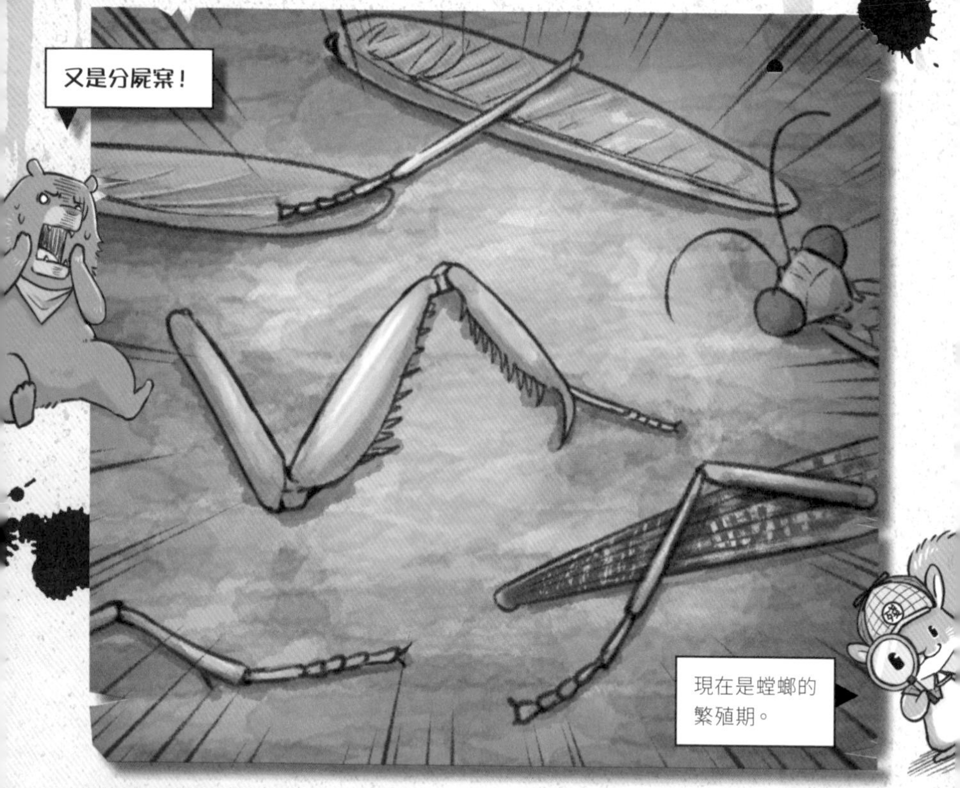
又是分屍案！
現在是螳螂的
繁殖期。

受害者檔案

名　稱	枯葉大刀螳
住　處	河岸、公園的草叢
大　小	體長約8公分
備　註	只要是會動的東西，都會被牠當成食物。

案發現場狀況

又發生了分屍案！這次的受害者，是一隻雄性枯葉大刀螳。聽說牠生前愛上了一隻雌螳螂。

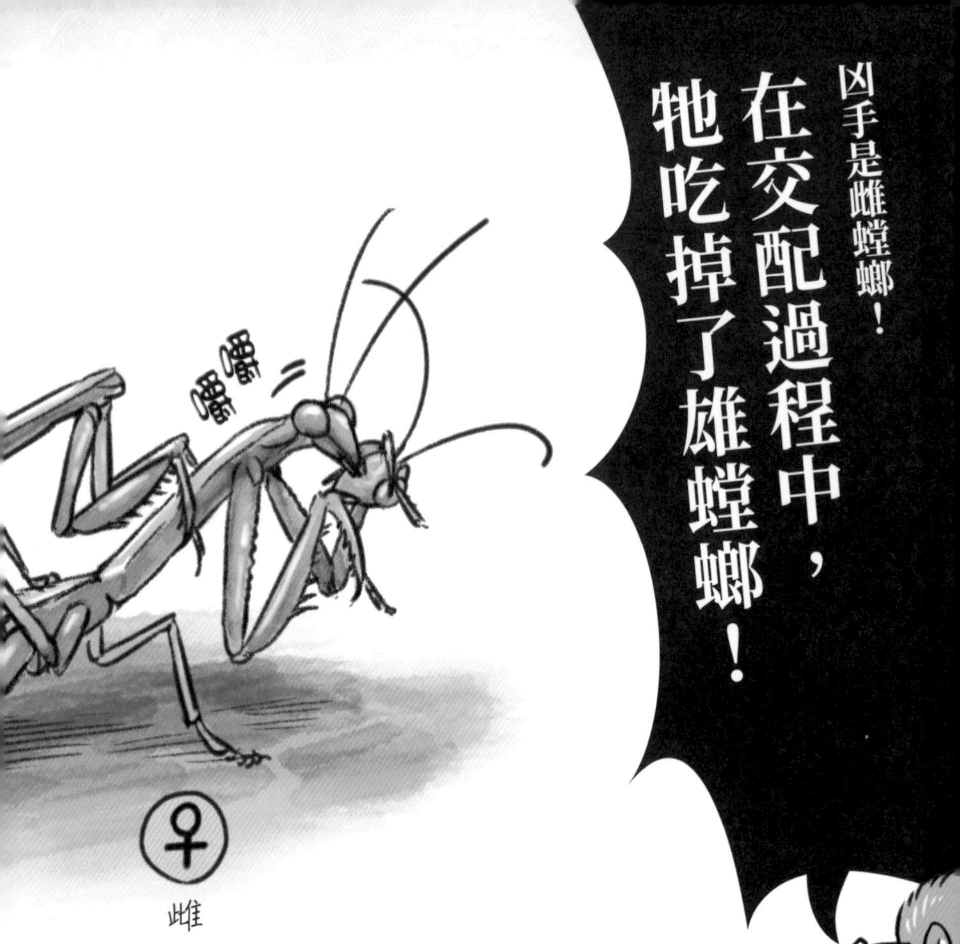
凶手是雌螳螂！
在交配過程中，
牠吃掉了雄螳螂！
嚼嚼
雌

任何會動的東西，都會被螳螂當成食物。雌螳螂在交配過程中，有時會誤以為背上的雄螳螂是食物，因而咬斷雄螳螂的頭。

值得一提的是，雄螳螂在雌螳螂背上會長達四小時。在這麼長的交配時間裡，雄螳螂應該隨時都在擔心著自己的性命安危吧。

不過倒也不是每次交配都會出事。雌螳螂吃掉雄螳螂，大約只有五分之一的機率。

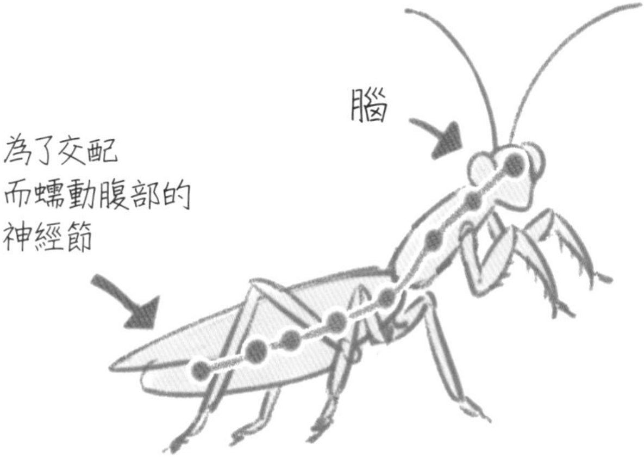
腦
為了交配
而蠕動腹部的
神經節

雄

就算雄螳螂的頭被咬斷，
交配行爲也不會結束。
雄螳螂失去頭部之後，神
經節還是可以暫時維持
身體運作。
聽起來有點可怕，對吧？

雖然很殘酷，但又
覺得兩邊都不是省
油的燈。

雄螳螂的犧牲

太……
太殘酷了……
某些蜘蛛
也有這種在
交配過程中
雌性吃掉雄性的
現象。
(體型比較小)
不過不管是雄性
還是雌性，
螳螂的壽命
都很短暫。
冬天一到，
螳螂就會死去。
因此雄螳螂
雖然死了……
膨脹
膨脹
卻能成爲雌螳螂
產卵時的養分，
牠的犧牲絕對
不是毫無價值。
颼颼
哎呀？
冬天眞的
快到了呢。
抖抖
我再不
冬眠的話……
可能也會
犧牲……

※黑熊會冬眠。

事件32

蛾翅膀被拔掉事件

沒有翅膀？
被誰拔掉了？！
關鍵的線索，就是這隻蛾看起來很有精神。

受害者檔案

名　稱	沙尺蛾
住　處	闊葉林
大　小	體長約1公分
備　註	主要在秋天至冬天出現。

案發現場狀況

有一隻蛾（沙尺蛾）的翅膀遭人殘忍的拔掉了，但是蛾看起來很有精神。

並沒有任何人扯掉牠的翅膀！

雌沙尺蛾本來就沒有翅膀！

沙尺蛾通常在冬天出現。冬天一到，就很容易看見牠們的蹤影，但我們看見的通常都是雄性沙尺蛾。

雌沙尺蛾的翅膀已經退化，並非完全沒有，但是非常小。因為無法飛行，一般人看見雌沙尺蛾的機會並不多。

不會飛的蛾要活下去並不容易，幸好冬天時的天敵不多，雌沙尺蛾才能存活下來。

原來雌性本來就沒有翅膀！幸好不是什麼殘酷事件……

雄性

雌性雖然沒有翅膀，但可以從屁股散發出費洛蒙，讓雄蛾找到自己。

過度追求生態利益的結果

沙尺蛾的活動時間是夜晚！
呼～
嘶～嘶～
Zzz
不用擔心被天敵「鳥類」發現。
沙尺蛾的活動時期是冬天！
Zzz
因此也不用擔心遇上夜晚的天敵「蝙蝠」。
或許正因爲沒有天敵，雌性沙尺蛾的翅膀才退化了吧。
但是在冬天的夜晚……
牠們應該很難找到食物吧？
這點完全不用擔心。
♀
牠們連嘴巴也退化了。
殘
沒有吃東西用的吸管
喝水會結冰，不如乾脆不要喝。
就算是螢火蟲，至少也會喝水……

事件33

發現新物種？

從來沒見過這種生物！
新物種嗎？！
仔細看，會發現牠
很像某種動物。

案發現場狀況

人類的住宅區裡出現了過去從未見過的動物！體型大致相當於中型犬或貓，身上沒有體毛，有一對大耳朵。

受害者檔案

名　稱	???
住　處	???
大　小	體長約60公分
備　註	雖然是四足動物，但是沒有體毛。

這是一隻沒有毛的狸貓！

因爲疥蟎的關係，牠的毛掉光了！

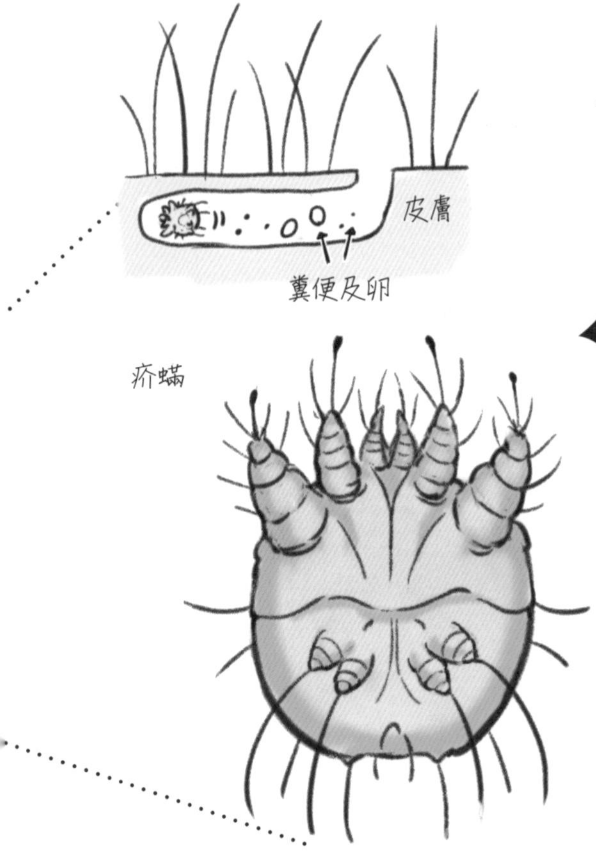

疥蟎的體長只有零點四公釐，肉眼無法看見。當氣溫在十六度以下，就會動彈不得，因此必須寄生在動物身上。

疥蟎一到動物身上，就會開始在皮膚上挖洞，並在洞中產卵，增加自己的同伴。會造成皮膚疾病「疥瘡」。

遭寄生的動物不僅會感覺到全身發癢，還會出現體毛脫落的現象。

卵只要三～五天就會孵化成幼蟲，鑽出洞穴爬往其他位置，繁殖的速度非常快。

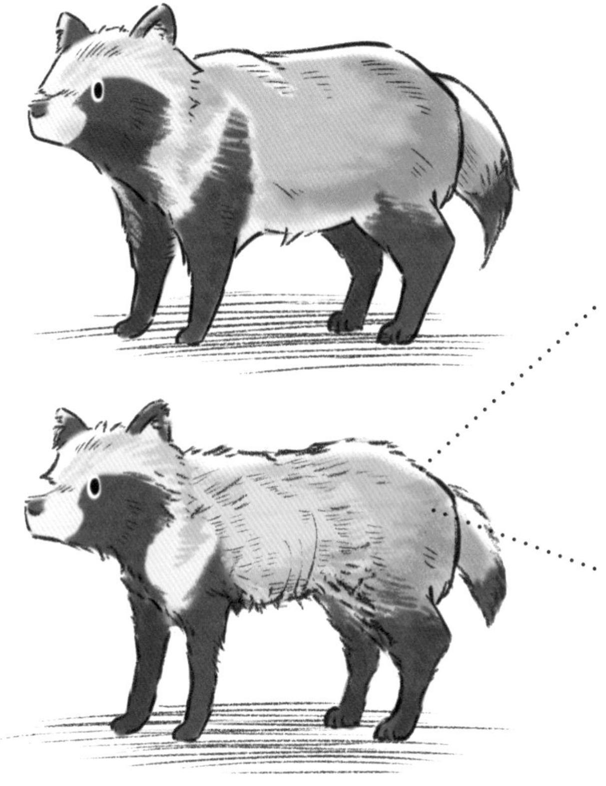

罹患疥瘡的部位會掉毛。

凶手檔案

名　稱	疥蟎
住　處	動物的皮膚
大　小	體長約0.4公釐
備　註	從卵到成蟲約兩星期。

疥蟎的宿主

各種動物都有可能罹患疥瘡，
並不是只有貍貓而已。
犬疥蟎
貓疥蟎
野生動物與家庭寵物之間也可能會互相傳染。
原來疥蟎還分這麼多種類！
阿珠……
你怎麼了？
沒什麼，只是最近
身體常常覺得好癢……
脫毛
抓抓
咦？老師……
你爲什麼離我這麼遠？
只是保持社交距離而已……
別太在意。

事件34

樹皮剝光事件

這不是夏天會開出白色
花朵的榿葉樹嗎？
最近這一帶某種
動物的數量變多
了……

案發現場狀況

榿（ㄑㄧ）葉樹的樹皮被剝光了，看起來像是沒穿衣服一樣。有些樹甚至因此而枯萎。

受害者檔案

名　稱	榿葉樹
住　處	土壤上
大　小	高度約10公尺
備　註	樹皮很容易掉落，常被誤認爲是紫薇樹。

凶手是鹿！

鹿吃光了檻葉樹的樹皮！

鹿（梅花鹿）是草食性動物，通常吃草、樹葉及樹果。但是在冬天難以找到食物的時候，鹿也有可能因為肚子餓而啃起樹皮。

在鹿太多的地區，可能會發生許多樹因樹皮遭啃光而枯萎的情況。沒有了樹，其他生物也會失去食物及棲身之所。

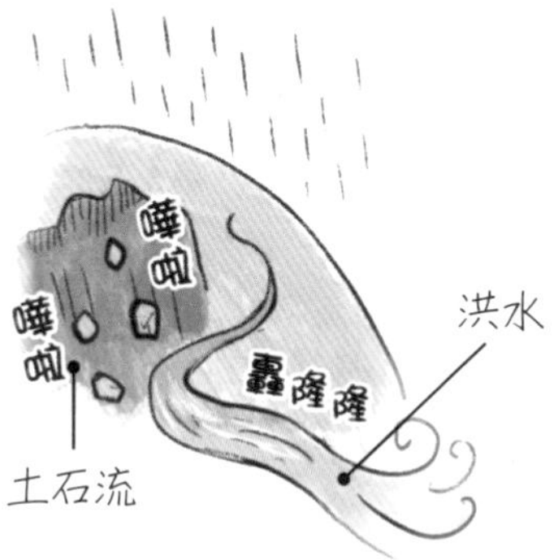

假如山上的樹木枯萎，變成光禿禿的狀態，不僅動物沒地方住，下雨之後，也很容易發生土石流及洪水。

凶手檔案

名　稱	梅花鹿
住　處	森林
大　小	體長約1公尺
備　註	雄鹿的角在春天掉落，再長出新的角。

減少過度繁殖的鹿

砰
砰!!
砰!
人類正在射殺過度繁殖的鹿。
嗚嗚……眞是殘酷的連鎖效應。
殘
特定的物種減少太多，或是增加太多，都會破壞生態系統。
自然生態的結構相當複雜，往往牽一髮而動全身。
咦？
你在做什麼？
用力~用力~
想辦法讓枯掉的樹木長回來……。

※動物在土裡埋藏果實，或是排放糞便，都有助於森林再生。

終章
偵探與助手解決了無數的離奇事件……
寒冬一過，春天再度降臨。
呼~冬眠眞是舒服~
喀嚓
早安，好久不見！老師！
一片・・・寂靜
咦？老師……？
!?
這……
這種橋段難道是……
請不要尋找我。
抓起

給阿珠
冰箱裡有款
冬菜。
偵探留
嚼嚼
簡直像老媽……
啊！
後面還有兩張……
早安，這一覺睡得好嗎？
我突然不見，你一定嚇一跳吧？
其實我年紀已經很大了，一直有退休的打算。
咦？
我希望你能繼承我的工作，當一名殘酷偵探。
什麼？

在漫長的歲月裡，
我看見了好多事情。
或許你說得沒錯，
世界實在太殘酷了。
但是這些殘忍的行為，
其實都只是為了
讓自己活下去而已。
自然界裡
沒有正義，
也沒有邪惡。
你不應該
把誰當成好人，
把誰當成壞人。
我相信你一定做得到，
因為你有一顆
最討厭殘酷的
仁慈之心。
請你在未來
繼續代替我，
看清楚殘忍背後的
真實一面。

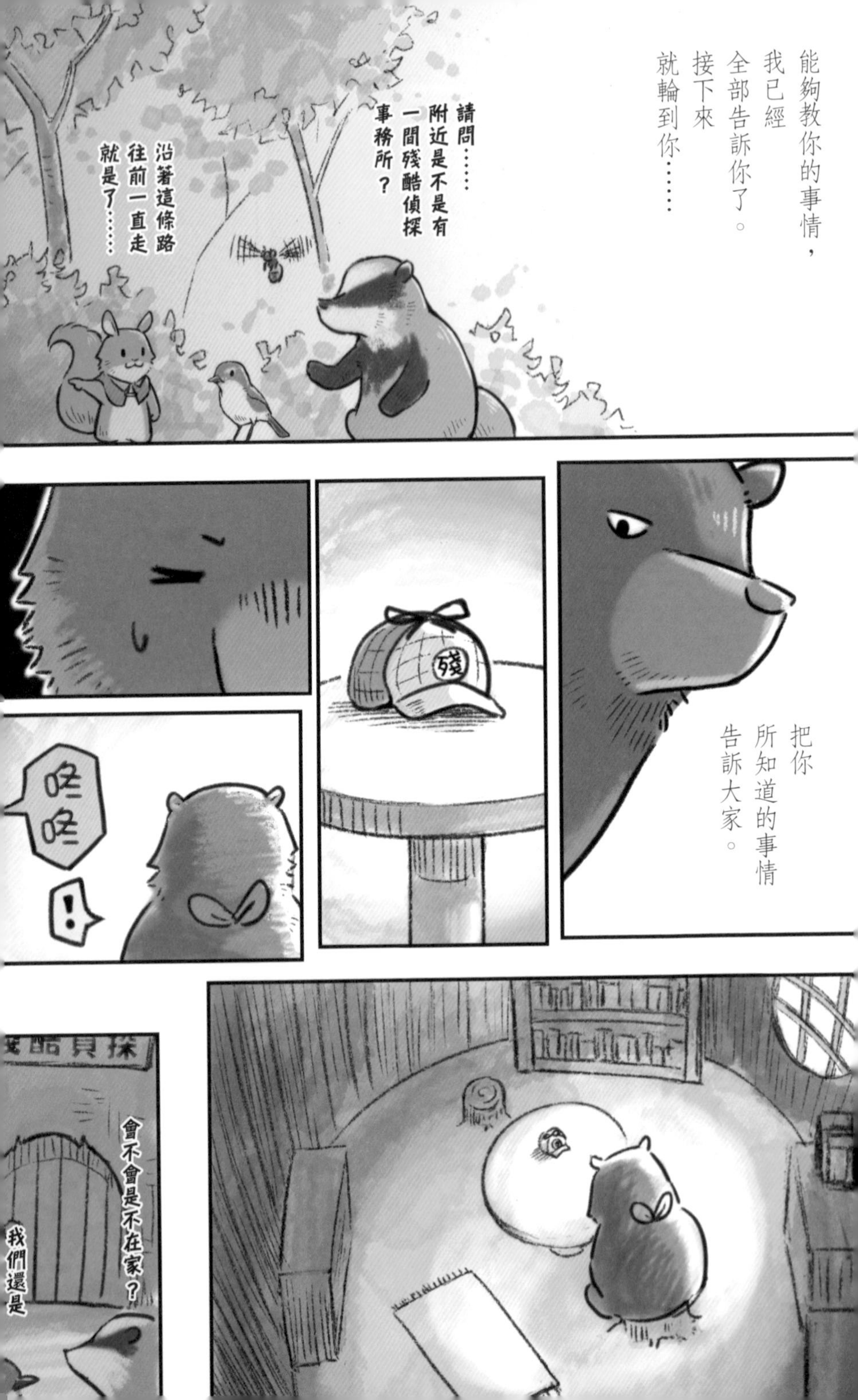

能夠教你的事情，
我已經全部告訴你了。
接下來就輪到你……
請問……附近是不是有一間殘酷偵探事務所？
沿著這條路往前一直走就是了……
把你所知道的事情告訴大家。
殘
咚咚
!
會不會是不在家？
我們還是

完

索引

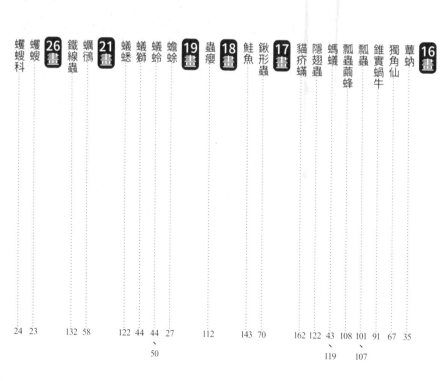

參考文獻

《日本動物大百科8～10集》
日高敏隆監修（平凡社）

《世界大百科事典第2版》（平凡社）

《百科事典MY PEDIA》（平凡社）

《日本大百科全書：NIPPONICA》（小學館）

《精選版日本國語大辭典》（小學館）

《食之醫學館：對身體有效的食品全網羅》
本多京子監修（小學館）

《山溪袖珍圖鑑9 增補改訂 日本的青蛙＋山椒魚類》
奥山風太郎著，松橋利光攝影（山與溪谷社）

《冬蟲夏草生態圖鑑》
日本冬蟲夏草協會著（誠文堂新光社）

《野鳥觀察生態圖鑑》
2016年2月版，特定非營利活動法人「野鳥觀察」編（野鳥觀察）

《Britannica國際大百科事典：小項目事典》
（Britannica Japan）

《朝日新聞刊載「關鍵字」》（朝日新聞）

《動植物名稱讀法辭典普及版》（日外Associates）

延伸閱讀書單

成爲小小生態觀察家：
從觀察到保育，五位動物專家帶你走入野外調查的世界

作者：李曼韻、林大利、袁守立、陳美汀、程一駿

五位動物專家的野生動物觀察日記，包含石虎、水獺、海龜、鳥類、野蜂等野生動物的研究方法、研究工具及相關知識，記錄野外調查的酸甜苦辣，以及應該如何保護這些動物，傳達生態保育觀念。

寫給青少年的物種起源：
突變、天擇、適者生存，演化論之父達爾文革命性鉅作，改變人類看世界的方式

作者：查爾斯·達爾文、麗貝卡·斯特福夫編寫
譯者：魏嘉儀

達爾文影響世界深遠的《物種起源》濃縮版，保留達爾文原著的豐厚內容，並加入最新的科學觀點，了解達爾文如何探求生命起源的真相，以及最中心的「天擇」概念。

生物課好好玩：
48堂課╳12篇生物先修班，
一年四季輕鬆學生物的超強課表！

作者：李曼韻

書中設計四十八堂走出教室，徜徉戶外的生態課，整整一年十二個月的課，可以學習到「生物多樣性」、「食物鏈」、「碳足跡」等概念。

生物課好好玩2：
野外探險生物課！
28堂尋寶課╳7大學習主題╳8個國內外自然景點

作者：李曼韻

書中規劃適合親子的戶外生態旅遊，包含生活周遭區域、國家公園、森林遊樂區等，一起在大自然中尋寶，不僅是假日出遊的好去處，也能認識台灣當地生態，學習動植物知識。

生物課好好玩3：
輕鬆攻略108課綱的10堂生物素養課！
80個必修關鍵字╳最強的生物觀念課表

作者：李曼韻

整理國中生物課重點觀念，以及「光合作用」、「新陳代謝」等生物專業名詞，讓六年級正要進入七年級的孩子，提早熟悉生物課，輕鬆進入生物領域，建立完整的生物基礎。

小麥田

知識館
誰是凶手？松鼠偵探生物調查事件簿：
白蟻女王孤單死去，蚊母樹葉大變形……
34 種動植物生死之謎大揭密
ざんこく探偵の生きもの事件簿

作繪者　一日一種
譯者　李彥樺
審定　林大利
封面設計　翁秋燕
內頁編排　傅婉琪
責任編輯　蔡依帆

國際版權　吳玲緯
行銷　何維民　吳宇軒　陳欣岑　林欣平
業務　李再星　陳紫晴　陳美燕　葉晉源

總編輯　巫維珍
編輯總監　劉麗真
總經理　陳逸瑛
發行人　涂玉雲
出版　小麥田出版
地址：臺北市民生東路二段 141 號 5 樓
電話：02-25007696· 傳真：02-25001967
發行　英屬蓋曼群島商家庭傳媒股份有限公司城邦分公司
地址：臺北市中山區民生東路二段 141 號 11 樓
網址：http://www.cite.com.tw
客服專線：02-25007718；25007719
24 小時傳真專線：02-25001990；25001991
服務時間：週一至週五 09:30-12:00；13:30-17:00
劃撥帳號：19863813 戶名：書虫股份有限公司
讀者服務信箱：service@readingclub.com.tw
香港發行所　城邦（香港）出版集團有限公司
香港灣仔駱克道 193 號東超商業中心 1F
電話：852-25086231· 傳真：852-25789337
馬新發行所　城邦（馬新）出版集團
Cite(M) Sdn. Bhd.
41-3, Jalan Radin Anum, Bandar Baru Sri Petaling,
57000 Kuala Lumpur, Malaysia.
電話：+6(03)-90563833· 傳真：+6(03)-90576622
讀者服務信箱 :services@cite.my
麥田部落格　http:// ryefield.pixnet.net

印刷　漾格科技股份有限公司
初版　2022 年 8 月
售價　399 元

ISBN　978-626-7000-63-2
EISBN　9786267000649（EPUB）
Printed in Taiwan

國家圖書館出版品預行編目 (CIP) 資料

誰是凶手？松鼠偵探生物調查事件簿：白蟻女王孤單死去，蚊母樹葉大變形……34 種動植物生死之謎大揭密 / 一日一種著．繪；李彥樺譯．-- 初版．-- 臺北市：小麥田出版：英屬蓋曼群島商家庭傳媒股份有限公司城邦分公司發行，2022.08
面；　公分．--（小麥田知識館）
譯自：ざんこく探偵の生きもの事件簿
ISBN 978-626-7000-63-2(平裝)

1.CST: 動物學 2.CST: 動物生態學
3.CST: 通俗作品

380　　111006764